Führen der Generation Z im Vertrieb

Tobias Nebgen

Führen der Generation Z im Vertrieb

Eine empirische Analyse der Anforderungen der Generation Z an die Führung im deutschen Baumaschinenvertrieb

Springer Gabler

Tobias Nebgen
Signum Magnum College
St. Julians's, Malta

ISBN 978-3-658-45417-3 ISBN 978-3-658-45418-0 (eBook)
https://doi.org/10.1007/978-3-658-45418-0

Die Deutsche Nationalbibliothek verzeichnet diese Publikation in der Deutschen Nationalbibliografie; detaillierte bibliografische Daten sind im Internet über https://portal.dnb.de abrufbar.

Planung/Lektorat: Karina Kowatsch
Springer Gabler ist ein Imprint der eingetragenen Gesellschaft Springer Fachmedien Wiesbaden GmbH und ist ein Teil von Springer Nature.
Die Anschrift der Gesellschaft ist: Abraham-Lincoln-Str. 46, 65189 Wiesbaden, Germany

Geleitwort

Die Dissertation von Tobias Nebgen greift eine sehr aktuelle und relevante Thematik für Unternehmen auf. Die wissenschaftliche Diskussion, wie die Generation Z in bestehende Vertriebssysteme integriert und erfolgreich geführt werden kann, stellt eine Herausforderung dar, der sich derzeit viele Unternehmen stellen müssen. Die praxisnahen empirischen Erkenntnisse und konkreten Handlungsempfehlungen leisten einen wertvollen Beitrag zur erfolgreichen Organisation und Ausrichtung von technisch orientierten Vertriebsorganisationen und ermöglichen die zielgruppengerechte Konzeption und Umsetzung struktureller Interventionen. Gerade diese empirischen Erkenntnisse führen zu einem besseren Verständnis der Motive, Einstellungen und potenziellen Verhaltensweisen der Generation Z und dienen als profunder Leitfaden für Führungskräfte und Organisationsentwickler.

Der Wettbewerb um qualifizierte Fachkräfte auf Arbeitsmärkten, bei denen die Verhandlungsmacht tendenziell eher auf der Seite der Arbeitnehmer liegt, ist eine Problematik, mit der sich viele Unternehmen fachlich hoch versiert und intensiv beschäftigen müssen. Zu den bekannten Ansätzen zählen beispielsweise Employer Branding und Talentmanagement. Im Wesentlichen bemühen sich Unternehmen darum, von potenziellen Arbeitnehmer als attraktiv wahrgenommen zu werden, wobei Attraktivität und die damit verbundenen Bewertungskriterien sehr subjektiv ausgelegt sind und von den Ansprüchen der Zielgruppen abhängen. Nur Unternehmen, die es schaffen, eine Kombination aus einer stabilen, nachhaltigen und profitablen Unternehmensorganisation zu bieten und gleichzeitig den Mitarbeitenden ein attraktives Umfeld zu schaffen, werden dauerhaft wettbewerbsfähig und lebensfähig bleiben können. Um für die angestrebten Zielgruppen attraktiv zu sein, müssen Unternehmen die jeweiligen Bedürfnisse, Zielsysteme und Anspruchsgruppen so gut wie möglich verstehen. An dieser Stelle kommt die Systematik der Generationen ins Spiel. Jede Generation hat ihre Eigenheiten. Meist unterscheiden sich Generationen in ihren persönlichen und sozialen Werten, deren Ausprägung in der Regel von wirtschaftlichen Bedingungen, politischen und kulturellen Strömungen sowie technischen Entwicklungen beeinflusst wird.

Die Evolution hat biologische Einheiten so konzipiert, dass zu Beginn der Lebensspanne gelernt wird und durch Versuch und Irrtum (Trial and Error) Erfolgsrezepte getestet werden, die im gegebenen Umfeld und Kontext Lebensfähigkeit und Erhalt der Art gewährleisten. Sobald diese Erfolgsrezepte gelernt wurden, werden sie wiederholt eingesetzt, gegebenenfalls geringfügig adaptiert, und die biologische Einheit beginnt konservativ zu werden. Konservativ bedeutet in diesem Kontext bewahren und erhalten (von conservare lat. – erhalten). Kurz gesagt: In jungen Jahren lernen wir noch flexibler, und mit zunehmendem Alter sind wir tendenziell weniger bereit, Dinge anders zu erledigen. Das bedeutet auch, dass jede neue Generation neue Dinge lernt und diese dann zu konservieren beginnt. An dieser Stelle kommt der Generationenkonflikt ins Spiel. Diese Art von Konflikten ist so alt wie die Evolution selbst. Einzelne Individuen vergleichen ihr eigenes Verhalten und ihre eigenen Lösungsansätze mit dem Verhalten und den Ansätzen der anderen Individuen in einer Gesellschaft. Auf dieser Basis bilden sich subjektive Ingroups und Outgroups mit homogenen Gruppeneigenschaften.

Bezogen auf Generationen bedeutet dies, dass sich innerhalb der Gesellschaft Gruppen bilden, deren homogene Eigenschaften indirekt auf Basis der Geburtenjahrgänge definiert werden. Diese Generationengruppen reflektieren die bereits genannten Kontextumstände wie Wirtschaftsbedingungen, Kultur, politisches Umfeld und daraus abgeleitete Werte und Normen, die gesellschaftlich als wünschens- oder erstrebenswert erscheinen. Zwar bilden wir übergeordnete Generationencluster, tatsächlich handelt es sich jedoch um ein fraktales Rollieren von homogenen Gruppeneigenschaften. Das bedeutet, die Gesellschaft ist ständig im Wandel. Getrieben wird dies im Grunde vom evolutionsbedingten Wunsch der Individuen, Dinge anders zu machen, Neues zu erleben. Jeder von uns kennt den Spruch: „Ich werde es nie so machen wie meine Eltern." Aus diesem Wunsch oder Entschluss heraus entsteht Innovation, anders zu sein als die vorherige Generation. Häufig ist zu beobachten, dass es scheint, dass gesellschaftliche Ausprägungen eine Zeit lang gleich bleiben und dann plötzlich umschlagen und sich verändern.

Diese Systematik finden wir in allen Bereichen unserer Gesellschaft. Selbst in der Wissenschaft ist die Problematik des generativen Wissensfortschritts bekannt.

Thomas Kuhn, ein amerikanischer Physiker, beschrieb 1962, dass wissenschaftlicher Fortschritt keiner linearen Progression entspricht, sondern eher einer Phase „friedlicher“ Forschung, die von Zeit zu Zeit von revolutionären Veränderungen und Paradigmenwechseln geprägt ist. Häufig kann ein Paradigmenwechsel nur durch das Aussterben der vorherigen Generation von Wissenschaftlern, die an alten Paradigmen festhalten, vollzogen werden.

In der Arbeitswelt sehen sich Unternehmen mit ähnlichen Problematiken konfrontiert. Neue Generationen bringen neue Ansprüche und Werte. Um attraktiv zu sein, zu bleiben oder zu werden, müssen bestehende Organisationen und Systematiken angepasst werden. Dies wird häufig von bestehenden, bewahrenden Mitarbeiter verhindert, oft mit der Begründung, dass sich die bestehenden Konzepte bereits bewährt haben und es keiner Änderung bedarf. Die neue, nachfolgende Generation sieht dies jedoch häufig anders.

In Platons „Der Staat“, insbesondere im vierten Buch, diskutiert Sokrates verschiedene Aspekte des gesellschaftlichen Verfalls und des moralischen Niedergangs. Eine relevante Passage beschreibt den fortschreitenden Zerfall von Respekt und Ordnung innerhalb der Familie und der Gesellschaft. Sokrates erklärt: „Und deshalb wachsen sie zu Männern heran, ohne Gewohnheit des Gehorsams gegenüber ihren Älteren und der Führung ihrer Untergebenen, und sie werden nicht davor zurückschrecken, ihren Eltern Gewalt anzutun, um das zu bekommen, was sie wollen.“ Diese Beobachtung verdeutlicht, wie jede neue Generation bestehende Strukturen und Werte infrage stellt.

In diesem Kontext wird auch die vorliegende Dissertation relevant: Jede neue Generation wird künftig diese Problematik aufwerfen. In ein paar Jahren werden Entscheidungsträger und Führungskräfte, die der Generation Z zugeordnet sind, verzweifelt versuchen herauszufinden, was die Generation Alpha (geboren ca. 2013–2025) eigentlich will. Und Führungskräfte der Generation Alpha werden keine Ahnung haben, wovon die Generation Beta (geboren ca. 2026–2039) eigentlich spricht und warum diese Generation unbedingt alles anders und neu machen möchte. Natürlich vorausgesetzt, dass keiner unserer glorreichen Politiker vorher den terminalen roten Startknopf drückt.

Aber zurück zur Gegenwart: Diese Dissertation ist im Wesentlichen ein wertvolles Handbuch vor allem für Baby Boomer und Generation X Zugehörige und hilft, die Generation Z besser zu verstehen und Unternehmen fit für die Zukunft zu machen.

Ich wünsche Ihnen viel Spaß beim Lesen und bedanke mich bei Tobias Nebgen für die wertvollen Diskussionen und gelieferten Inhalte. Alles Gute für die Zukunft!

Dr. Walter Kurz

Danksagung

Nur wer sein Ziel kennt, findet den Weg.

(Lao-Tse, 6. Jh. v. Chr.)

Mit der Abgabe und der Verteidigung dieser Forschungsarbeit beende ich mein PhD-Studium.

Mit dieser Danksagung möchte ich mich bei all jenen bedanken, die mich auf meinem Weg zur Fertigstellung meiner Forschungsarbeit tatkräftig unterstützt haben.

Zunächst möchte ich mich bei **Dr. Kurz** bedanken. Sie haben mir mit Ihrer Erfahrung und Ihrem Fachwissen bei der Entwicklung meiner Forschungsfragen und der Gestaltung meiner Arbeit stets mit Rat und Tat zur Seite gestanden.

Ein besonderer Dank gilt auch meinem Vater, **Prof. Nikolaus Nebgen** und seiner Ehefrau **Sabine Buder**, welche diese Arbeit gegengelesen und mir ein Feedback gegeben haben, ob die Zusammenhänge verständlich und logisch aufgebaut sind.

Auch meiner Frau, **Monika Nebgen** und meinen Töchtern, **Ivy** und **Nina Nebgen** gebührt mein Dank. Ihre Geduld und ihre positiven Zusprüche haben mich stets angetrieben, meine Ziele zu fokussieren und umzusetzen.

Zuletzt möchte ich mich bei allen Personen bedanken, die an meiner Forschungsarbeit teilgenommen haben. Ihre Teilnahme und ihr Engagement haben es mir ermöglicht, wertvolle Daten zu sammeln und meine Forschungsfragen zu beantworten.

Vielen Dank!

Pfungstadt
den 21.01.2024

Abstract

This thesis explores the research question of whether sales organizations of companies specializing in construction machinery on the German market can effectively meet the needs and expectations of Generation Z employees. The objective is to examine the differences between construction machinery sales organizations and other sales organizations and assess the extent to which Generation Z's needs can be satisfied.

Factors such as improved salary and work-life balance models may contribute to Generation Z employees' willingness to change employers. Additionally, the specific training provided to managers could positively or negatively impact the decisions of Generation Z employees.

To address these questions, an empirical study was conducted, employing expert interviews and surveys of managers and Generation Z individuals to confirm or refute the hypotheses. The study's results reveal that both competitive salary models and enhanced work-life balance models can prompt Generation Z employees to change employers more readily. Furthermore, individualized career planning is a vital factor in retaining Generation Z employees.

In conclusion, it is crucial for managers to adapt their approaches to Generation Z employees on an individual basis and comprehend their desires and expectations from employers.

Keywords: Generation Z. GenZ · Digital natives · Next Generation · Work-Life-Balance · Social media · Influencer-Kultur · Future Generation

Hinweis zur verwendeten Sprache

Aus Gründen der leichteren Lesbarkeit wird in der vorliegenden Arbeit die gewohnte männliche Sprachform bei personenbezogenen Substantiven und Pronomen verwendet. Dies impliziert jedoch keine Benachteiligung des weiblichen Geschlechts, sondern soll im Sinne der sprachlichen Vereinfachung, als geschlechtsneutral zu verstehen sein.

Inhaltsverzeichnis

Abkürzungsverzeichnis

Boomer	Boomer Generation
etc.	et cetera
Exp.	Experten
Forsa	Gesellschaft für Sozialforschung und statistische Analysen mbH
FüKr	Führungskräfte
gem.	gemäß
GenZ	Generation Z
GF	Geschäftsführer
GNSS	Global Navigation Satellite System
HRM	Human Ressource Management
Kap.	Kapitel
KMU	Kleine und mittlere Unternehmen
Mio.	Millionen
MOBA	MOBILE AUTOMATION
USP	Unique Selling Point
UTS	Universal Total Station
VDBUM	Verband der Baubranche, Umwelt- und Maschinentechnik e. V.
VL	Vertriebsleiter
z. B.	zum Beispiel

Abbildungsverzeichnis

Tabellenverzeichnis

1 Einleitung

Bereits heute kämpfen Unternehmen auf dem Arbeitsmarkt um Fachkräfte, Auszubildende und Berufseinsteiger.[1] Trotz der Coronapandemie und des Ukraine-Krieges steigt die Nachfrage an Fachkräften stetig an.[2] Die geburtenstarken Jahrgänge der Fünfziger- und Sechzigerjahre erreichen nun das Ruhestandsalter, in dem sie dem Arbeitsmarkt nicht mehr zur Verfügung stehen.[3] Dieser Fachkräftemangel belastet bereits jetzt die deutsche Wirtschaft. Das Statistisch Bundesamt prognostiziert einen Rückgang der erwerbstätigen Bevölkerung im Alter von 15 bis 74 Jahren ab dem Jahr 2023, was den Fachkräftemangel zusätzlich steigern wird.[4] Für Unternehmen bedeutet dies, dass das Anwerben und Halten von Fachkräften ein immer schwierigeres Unterfangen wird und sie gegeneinander in Konkurrenz treten, um für die Fachkräfte attraktiv zu werden und auch dauerhaft zu bleiben. Um dies zu erreichen, müssen sich die Unternehmen auf die kommenden Generationen neu ausrichten.

Die Generation X (1965 bis 1980) galt noch als materialistisch, ehrgeizig und ambitioniert, wohingegen die Generation Y (1981 bis 1996) mit ihrer Technologieaffinität und Selbstbezogenheit, ihrer teamfähigen und ihrer idealistischen Einstellung die Unternehmen und den Arbeitsmarkt deutlich beeinflussten.[5] Am Arbeitsmarkt steht nun ein weiterer Generationenwechsel an.

---

[1] Vgl. Welk (2015), S. 1.

[2] Vgl. Müller (2022), Zugriff: 02.10.2022.

[3] Vgl. Wunsch/Buchmann (20019), Zugriff: 01.10.2022.

[4] Vgl. Sauer/Wollmershäuser (2021), Zugriff: 01.10.2022.

[5] Vgl. ebd. (2022), Zugriff: 02.10.2022.

T. Nebgen, *Führen der Generation Z im Vertrieb*,
https://doi.org/10.1007/978-3-658-45418-0_1

Die neue Generation Z, welche je nach Auslegung zwischen 1995 und 2012 geboren wurden, welche auch als „Digital Natives“ bezeichnet werden, kommen jetzt in ein Erwerbstätigen-Alter und strömen auf den Arbeitsmarkt.[6] Mit ihrer Affinität zur Digitalisierung bringt diese Generation einen Umbruch am Arbeitsmarkt mit sich. Dieser Generation ist Vertrauen, Berechenbarkeit, Augenhöhe, sowie Förderung und Individualismus besonders wichtig, was die Führungskräfte vor neue Herausforderung stellen wird.[7] Aufgrund der Digitalisierung, welche die Generation Z mit sich bringt, wird sich auch die Arbeitswelt grundlegend verändern. Die Entwicklung dieser neuen Arbeitswelt wird mit dem Begriff „New Work“ beschrieben. Das Fraunhofer-Institut fasst den Begriff „New Work“ unter folgenden Punkten zusammen:

- zeit- und ortsflexibles Arbeiten
- agile Arbeitsmethoden und projektbasierte Organisation,
- stärkenorientierter Personaleinsatz,
- Sinnstiftung sowie
- veränderte Führungsstrukturen im Sinne von Partizipation und Transparenz.[8]

Durch die Veränderung der Demografie, dem Generationenwechsel und der neuen Arbeitswelt werden die Führungskräfte vor neuen Herausforderungen in der Personalführung stehen. Altbekannte Führungsstile müssen überdacht und an die neue Generation und deren Erwartungen angepasst werden.

Der Vertrieb von Baumaschinen und Baumaschinenzubehör stellt hierbei eine besondere Herausforderung dar. Hier werden nicht nur spezielle Kenntnisse über eine große Produktpalette an Maschinentypen und deren Einsatzmöglichkeiten verlangt, sondern es ist auch die Koordination von Logistik, Serviceeinsätzen und Wartungsintervallen Teil der Vertriebsaufgaben.

1.1 Problemstellung

In den letzten 150 Jahren wurden verschiedene Einflussfaktoren auf die Führung gefunden und publiziert. Anfangs lag das Hauptaugenmerk lediglich auf den Eigenschaften der Führungsperson, später erkannte man jedoch die Wichtigkeit der Mitarbeiter, der Situation sowie des gesamten sozialen Systems, welches

[6] Vgl. Rose (2022), Zugriff: 02.10.2022.

[7] Vgl. Rose (2022), Zugriff: 02.10.2022.

[8] Vgl. Hofmann/Piele/Piele (2019), Zugriff: 02.10.2022.

Einfluss auf die Führung hat. Führung zur Erreichung vorgegebener Ziele, ist eine Wechselbeziehung zwischen Handlungspartnern (Einzelpersonen oder Gruppen), welche asymmetrische soziale Beziehungen einer Über- und Unterordnung beinhaltet. Hieraus kann abgeleitet werden, dass eine gute Beziehung zwischen Führungskraft und Mitarbeiter ein wichtiger Faktor für den Erfolg der Führungskraft ist. Eines der Ziele einer Führungskraft ist es, die ihr unterstellten Mitarbeiter zu motivieren. Dies kann durch Wertschätzung in Form von Lob und Anerkennung erfolgen.

Durch den aktuellen Generationenwechsel ändern sich die Anforderungen an die Arbeitgeber und zwischen den Generationen entstehen Konflikte. Zwar hat auch die Generation Z das Bedürfnis, ein angemessenes Gehalt zu verdienen, jedoch ist dies ein leicht austauschbarer Faktor durch andere Arbeitgeber. Bei Arbeitgebern der älteren Generationen reichte es aus, ein gutes Gehalt und einen sicheren Arbeitsplatz zu gewährleisten, damit die Mitarbeiter sich langfristig an ein Unternehmen gebunden haben. Dies reicht der neuen Generation jedoch nicht mehr aus. Der Anspruch ist nun, dass die individuellen Bedürfnisse eines jeden Mitarbeiters von den Führungskräften gesehen und berücksichtigt werden. Bereits in den 70er-Jahren wurde durch den Sozialphilosophen Frithjof Bergmann das New-Work-Konzept entwickelt. Es handelt sich hierbei um einen freiheitlichen Denkansatz, bei dem sich Frithjof Bergmann Gedanken darüber machte, was Arbeiter wirklich wollen. Unter heutigen Aspekten können unter New Work erfüllende und sinnstiftende Tätigkeiten genannt werden, die den Menschen in den Mittelpunkt stellen. Selbstständigkeit, Handlungsfreiheit sowie die Teilhabe an der Gemeinschaft aller Menschen einer Organisation sind hierbei zentrale Werte.

Die Sorge, einen passenden Arbeitsplatz zu finden, kennt diese Generation nicht mehr. Voller Optimismus strömen sie auf den Arbeitsmarkt und werden durch verschiedene Karriereplattformen wie LinkedIn, Xing usw. zum Teil bereits vor ihrem Ausbildungsabschluss angeworben. Das Wissen, dass es noch andere Jobmöglichkeiten gibt, macht es der jungen Generation leicht, einen neuen Arbeitgeber zu suchen, welcher ihre Bedürfnisse noch besser befriedigt.

Ein weiterer wichtiger Faktor, der berücksichtigt werden muss, ist der demografische Wandel in Deutschland. Während die Anzahl der jungen Menschen stetig sinkt, steigt die Zahl der älter werdenden Menschen an. Bereits jetzt ist jede zweite Person in Deutschland älter als 45 Jahre und jede fünfte hat schon das 66. Lebensjahr überschritten. 2018 lag die Bevölkerung im Erwerbsalter zwischen 20 und 66 Jahren noch bei 51,8 Millionen. Das Statistische Bundesamt geht davon aus, dass diese Zahl bis zum Jahr 2035 auf 45,8 bis 47,4 Millionen sinken wird und damit um rund 4 bis 6 Millionen niedriger ist als 2018.

Betrachtet man die oben genannten Faktoren, so wird ersichtlich, dass sich der Arbeitsmarkt grundlegend ändern wird. Die Zeiten, in denen dem Unternehmen eine große Auswahl an Bewerbern zur Verfügung stand, gehören der Vergangenheit an. Unternehmen müssen sich die Fragen stellen, wie sie die Generation Z anwerben und langfristig an ihr Unternehmen binden können und welche speziellen Anforderungen durch die Führungskräfte erfüllt werden müssen, um die Generation Z zu motivieren und zielgerichtet zu lenken. Gerade in stark männlich geprägten Bereichen, wie dem Baumaschinenvertrieb, kann dieser Generationenwechsel und die damit verbundenen neuen Anforderungen an die Führungskräfte zu Konflikten führen.

Weitere wichtige Aspekte sind die Erkennung und Förderung von Talenten im Vertrieb bzw. die Ausbildung und Förderung von Nachwuchsführungskräften. Durch langfristige Perspektiven und Karrierechancen im Unternehmen können Mitarbeiter an das Unternehmen gebunden werden.

1.2 Unterschiede vom Baumaschinenvertrieb zu anderen Vertriebsorganisationen

Der Baumaschinenvertrieb unterscheidet sich von anderen Vertriebsorganisationen durch ein sehr raues Arbeitsklima. Probleme werden durch die Kunden oft sehr deutlich, und, wenn nötig, auch in einem „härteren" Ton angesprochen bzw. diskutiert. Dies kann bei sensiblen Personen auf Dauer zu Problemen führen, da sie es oft persönlich nehmen.

Da die Baustellen ein sehr straffes Zeitfenster haben und das Nichteinhalten von Fristen zu hohen Geldstrafen führen kann, dürfen keine Lieferungsverzögerungen, Probleme mit der Technik oder das Nichteinhalten von Vertragsbedingungen wie beispielsweise zusätzliche Lieferungen von Anbaugeräten oder Maschinensteuerungen etc. passieren. Diese Faktoren können zu einem enormen Arbeitsdruck führen. Der Baumaschinenvertrieb ist stark saisonal abhängig, dementsprechend sind auch die Verkaufszahlen das Jahr über unterschiedlich. In Zeiten, in denen viele Maschinen eingekauft und ausgeliefert werden, sind feste Arbeitszeiten nur schwer realisierbar. Personen, die feste Arbeitszeit und einen festen Arbeitsort haben möchten und sensibel und harmoniebedürftig sind, eignen sich nicht für den Vertrieb von Baumaschinen.

Zusätzlich unterscheiden sich folgende Aspekte von einer regulären Vertriebstätigkeit.

1. **Zielgruppe:**
   Baumaschinen werden überwiegend an Unternehmen aus dem Baugewerbe, dem Bergbau oder aus anderen industriellen Sektoren vertrieben. Im Vergleich dazu bietet der reguläre Vertrieb seine Produkte oder Dienstleistungen oftmals direkt dem Endkunden oder. einer breiten Masse an Unternehmen an.
2. **Technische Anforderungen und Anpassung der Maschine an die Bedürfnisse des Kunden:**
   Der Vertrieb benötigt hohes Wissen über die angebotene Technik. Spezifische Kundenbedürfnisse müssen ermittelt und die Maschinen daran angepasst werden. Fundiertes Wissen über Zusatzprodukte wie z. B. Maschinensteuerungen oder Anbaugeräte (Löffel, Greifer etc.) muss ebenfalls vorhanden sein.
3. **Umgang mit Komplexität:**
   Da Baumaschinen hochkomplexe Geräte sind, müssen diese dem Kunden erklärt werden. Der Kunde muss seine Vorteile anhand der Erklärungen des Vertriebs erkennen.
4. **Langzyklische Verkaufsprozesse:**
   Im Vergleich zum regulären Vertrieb ist der Verkaufszyklus im Baumaschinenvertrieb länger. Der Kauf einer Baumaschine stellt eine hohe Investition für die Unternehmen dar, welche genau kalkuliert und bedacht werden muss. Der Entscheidungsprozess beim Kauf eines solchen Investitionsgutes ist zumeist ein längerer Prozess.
5. **Finanzierungsoptionen:**
   Beim Verkaufsprozess spielen Finanzierung oder Leasing oftmals eine wichtige Rolle. Dies die Kaufentscheidung unter Umständen beeinflussen. Das nötige Wissen über die Möglichkeiten einer Finanzierung oder eines Leasings, bzw. die Delegierung an eine hierfür spezielle Abteilung oder Institution ist ebenfalls Aufgabe des Vertriebs.
6. **Langfristige Kundenbeziehung:**
   Bei solch teuren Investitionsgütern, sowie deren langem Lebenszyklus, ist eine langfristige Kundenbindung von höchster Bedeutung. Nach dem Verkauf der Maschinen beginnt eine Vielzahl an möglichen Folgegeschäften. Wartungsverträge, Support, Schulungen etc. gehören ebenfalls zum aktiven Teil des Vertriebs.
7. **Koordination und Logistik:**
   Die meisten Baubetriebe benötigen für Ihre Baumaschinen zusätzliche Komponenten wie beispielsweise spezielle Baggerlöffel, Maschinensteuerungen

oder andere technische Geräte. Diese werden zumeist von anderen Firmen geliefert, müssen jedoch direkt mitangeboten werden. Der Baumaschinenvertrieb muss sich hierzu Angebote einholen und beim Verkauf der Maschine die Lieferungen bzw. Fertigstellung der Maschinen, mit den zusätzlichen Komponenten koordinieren.

Der Baumaschinenvertrieb stellt aufgrund seiner Komplexität hohe Anforderungen an die Branche. Durch die benötigten speziellen Fähigkeiten unterscheidet er sich zumeist von anderen Vertriebsaktivitäten. Das Zusammenspiel von Vertriebsaußen- und -innendienst muss gut abgestimmt sein.

1.2.1 Vertriebsprozesse im stetigen Wandel

Suchte man bis 2010 nach einem individuellen *Unique Selling Point* (USP), um von der Produktorientierung vermehrt zur Kundenorientierung zu gelangen, so wurden ab dem Jahr 2010 vermehrt neue digitalen Technologien zur stetigen Steigerung der Effizienz durch Automatisierung eingesetzt.[9]

Auch die Vertriebsprozesse deutscher kleiner und mittelständischer Unternehmen (KMU) müssen sich aktuell an den stetigen Wandel und die daraus resultierenden neuen Herausforderungen anpassen. Megatrends wie die Digitalisierung, New Work und die Individualisierung sind Treiber für einen Umbruch in den Vertriebsprozessen.[10]

Wie in Abbildung 1.1 zu erkennen ist, werden klassische Vertriebsprozesse in drei Phasen untergliedert, welche wiederum in sieben einzelne Schritte unterteilt sind.

[9] Vgl. Schmäh/Neff/Mayer (2021), S. 18.

[10] Vgl. Schmäh/Neff/Mayer (2021), S. 18.

Vertriebsphasen regulärer Vertrieb:

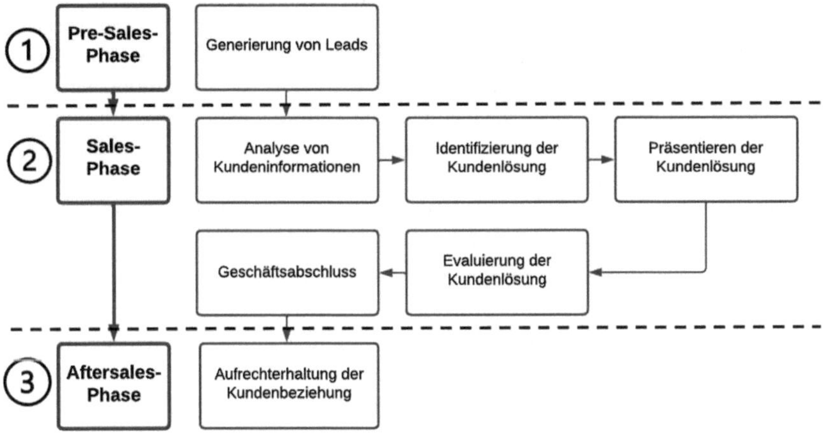

Abbildung 1.1 Aggregiertes Vertriebsprozessmodell für KMU[11]

Dieser Prozess spiegelt den gesamten Verkaufszyklus wider. In diesem Vertriebsprozess sind der Mensch und seine Interaktionen die wichtigsten Komponenten.[12]

1.2.2 Vertriebsprozess im Baumaschinenvertrieb

Der Vertriebsprozess im Baumaschinenvertrieb gestaltet sich anders als reguläre Vertriebsprozesse in anderen Bereichen. Aus dem durchgeführten Experteninterview mit Geschäftsführern von Baumaschinensteuerungsanbietern und Baumaschinenhändlern wird ersichtlich, dass es sich hierbei um hochtechnische Beratungen handelt, zu Produkten, welche Investitionsgüter für die Unternehmen darstellen. Eine allgemeingültige Lösung kann dem Kunden zumeist nicht angeboten werden. Die Maschinengröße, das Einsatzgebiet, die Infrastruktur, die

[11] Vgl. ebd (2021), S. 19.

[12] Vgl. ebd. (2021), S. 18–19.

speziellen Ausstattungen, der Verbrauch, die Wartungsintervalle, die Steuerungsart (GNSS, UTS, Laser), benötigte Anbaugeräte für verschiedene Arbeiten etc. müssen genau betrachtet und in der Produktpräsentation berücksichtigt werden. Da es sich um Investitionsgüter handelt, sind zumeist mehrere Personen (Buying Center, Bauleiter, Vermesser etc.) beim Kauf der Maschinen und Steuerungskomponenten involviert. Die Unternehmen erstellen zumeist Investitionsplanungen für einzelne Bauprojekte oder für das gesamte Unternehmen. Diese Investitionsplanungen müssen bei der Präsentation der Baumaschinen und dem passenden Zubehör berücksichtigt werden.

Oftmals müssen auch Rahmenverträge zwischen den Händlern und den Bauunternehmen verhandelt und geschlossen werden, welche sehr detailreich sein können. Sie werden ebenfalls durch den Vertrieb verhandelt und können weitreichende Pflichten mit sich bringen.

Da Baumaschinen einen hohen Kostenfaktor darstellen, werden sie oftmals über Finanzierungen von den Bauunternehmen gekauft. Diese Finanzierungen werden oftmals durch Partnerunternehmen der Baumaschinenhändler angeboten. Der Vertrieb muss sich um die Finanzierungsanfrage kümmern, und diese in sein Angebot mitaufnehmen und dem Bauunternehmen präsentieren.

Anbaugeräte wie zum Beispiel Löffel, Tiltrotatoren usw. bei Baggern, oder Maschinensteuerungen (GNSS, UTS, Laser) für alle Arten von Baumaschinen werden oftmals von Drittanbietern gefordert. Diese werden oftmals direkt von dem Baumaschinenhändler mitangeboten und bei einer Finanzierung der Baumaschine mitberücksichtigt. Auch hier muss sich der Baumaschinenvertrieb mit den Anbietern der Anbaugeräte abstimmen, Angebote einholen und die Lieferfähigkeiten prüfen.

Nach dem Verkauf der Baumaschine(n) enden die Aufgaben des Vertriebes jedoch noch nicht. Im Anschluss an den Verkauf müssen Wartungsverträge sowie eine Garantieverlängerung vereinbart werden.

Die Koordination der Logistik, um die Baumaschine an den Kunden auszuliefern, Schulungstermine für die künftigen Maschinisten abzustimmen und die Lieferung der Anbaugeräte zu koordinieren, gehört zumeist ebenfalls zu den Aufgaben des Baumaschinenvertriebs.

Folgende Vertriebsstrukturen sind ähnlich zu bewerten wie der Vertrieb von Baumaschinen und werden aus diesem Grund in dieser Studie einbezogen:

- Vertrieb von Anbaugeräten für Baumaschinen (z. B. Tiltrotatoren, Schwenklöffel, Anbauverdichter etc.)
- Baumaschinensteuerungsvertrieb (GNSS, UTS und Laser)

In Abbildung 1.2 werden die einzelnen Prozessschritte im Baumaschinenvertrieb aufgezeigt. Es beginnt bei der Auswahl und der Kontaktaufnahme von potenziellen Kunden. Es folgen eine spezielle Bedarfsermittlung, die Auswahl individueller Lösungsansätze und schließlich Verhandlungen mit den beteiligten Personen. Ebenso müssen die Finanzierungsart und die Folgekosten bei Investitionsgütern im Verkaufsprozess betrachtet und dem Kunden präsentiert werden.

Wartungsverträge, Garantieverlängerungen, Einweisungen und Schulungen sind Bestandteil der Beratung und des darauffolgenden Angebotes.

Hieraus wird ersichtlich, dass der Vertrieb von Baumaschinen einen komplexen Prozess darstellt und dieser sich von anderen Vertriebsgütern und Dienstleistungen oftmals unterscheidet.

Spezielle Ausbildungen, hochtechnisches Wissen, aber auch das Wissen über betriebswirtschaftliche Hintergründe sind für diesen Vertrieb unerlässlich.

Vertriebsprozess im Baumaschinenvertrieb:

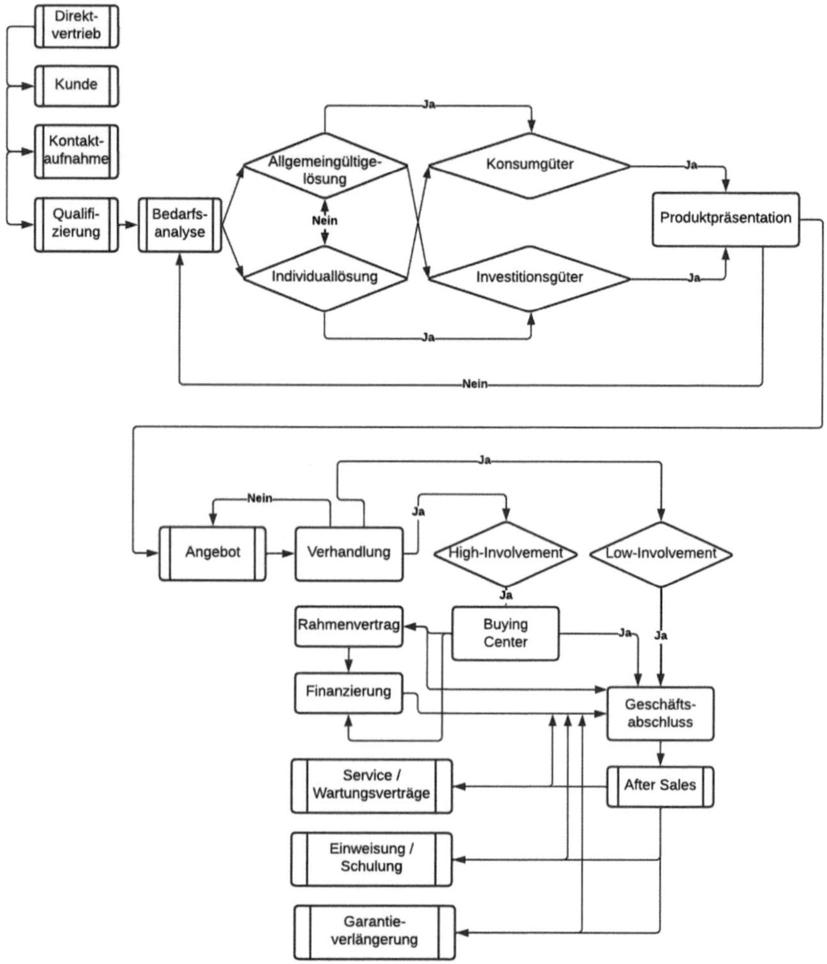

Abbildung 1.2 Vertriebsprozess im Baumaschinenvertrieb[13]

[13] Eigene Darstellung.

1.3 Ziel der Forschungsarbeit

Ziel dieser Arbeit ist es, die Anforderungen und Bedürfnisse der Generation Z näher zu untersuchen und ein allgemeines Verständnis dafür zu entwickeln, wie Führungskräfte mit den neuen Anforderungen an sie zukünftig umgehen müssen. Als zentrale Frage ist hierbei zu prüfen, inwiefern speziell im Baumaschinenvertrieb die Anforderungen und Bedürfnisse der Mitarbeiter jetzt schon berücksichtigt werden und welche Maßnahmen bereits durch die Firmen und speziell durch die eingesetzten Führungskräfte ergriffen wurden, um auf die neuen Herausforderungen zu reagieren.

Da sich die Bedürfnisse und Anforderungen der Generation Z nicht in allen Berufszweigen umsetzen lassen, ist die zu untersuchende Zielgruppe der Vertriebsaußendienst sowie der Innendienst innerhalb des Baumaschinenvertriebes.

Es ist nicht das Ziel dieser empirischen Analyse, Personengruppen im Baumaschinenvertrieb zu untersuchen, welche fremdbestimmt disponiert werden und keine Möglichkeit haben, ihren Arbeitsalltag und ihr Arbeitsumfeld selbst zu bestimmen, und an die Anforderungen der Generation Z aufgrund bestimmter Tätigkeiten anpassen zu können. Zu diesen Personengruppen gehören unter anderem Maschinenführer, Techniker, Monteure und Servicemitarbeiter.

In dieser Arbeit werden bereits vorhandene Erkenntnisse über die Generation Z speziell auf den Baumaschinenvertrieb übertragen. Der aktuelle Stand der Umsetzung wird überprüft. Auf dieser Basis können später Konzepte für diesen Bereich entwickelt werden, um in den Führungsebenen die Anforderungen und Bedürfnisse der Mitarbeiter besser zu verstehen und darauf speziell reagieren zu können. In späteren weiteren Forschungen kann auf den gewonnenen Erkenntnissen aufgebaut und ein Konzept entwickelt werden, wie Mitarbeiter der Generation Z langfristig an Unternehmen gebunden werden können, was vor allem wegen des immer stärker werdenden Fachkräftemangels für heutige Unternehmen von existenzieller Bedeutung ist.

1.4 Gegenstand der Forschung

Die zentrale Forschungsfrage lautet:

> **Inwiefern werden die Bedürfnisse der Generation Z und ihre Anforderungen an die Führung innerhalb des Außen- und Innendienstes im deutschen Baumaschinenvertrieb berücksichtigt und in ihrem Arbeitsalltag umgesetzt?**

Unter dieser zentralen Forschungsfrage werden die folgenden Aspekte als mögliche Einflussfaktoren untersucht, und auf deren Wirkung hin überprüft.

- Führung
    - Führungsaufgaben
    - Führungsstile

- Altersstruktur und Berufsausbildung der Führungskräfte
    - Trends, die sich auf die Führungsstile auswirken

- Organisationale Schnittstellen
    - Vertriebssteuerung
    - Human Resource Management
    - Instrumente für Personal- und Karriereentwicklungen
    - Talentmanagement

Folgende Unterfrage soll dabei beantwortet werden:

- Welche Maßnahmen werden bei der Führung der Generation Z durchgeführt, um die Anforderungen und Bedürfnisse dieser Generation zu berücksichtigen?
- Welche Anforderungen und Erwartungen haben die Mitarbeiter der Generation Z im Baumaschinenvertrieb an ihre Führungskräfte?

1.5 Forschungsmethode

Durch den hier verwendeten Triangulation Mixed-Methoden-Ansatz wird die Gültigkeit der gewonnenen Ergebnisse erhöht, da verschiedene Datenquellen miteinander kombiniert werden. Es werden sowohl Daten aus einer intensiven Literaturrecherche gewonnen als auch durch qualitative und quantitative Befragungen.

Da es sich bei dem gewählten Thema dieser Forschungsarbeit um ein Thema handelt, das zum heutigen Zeitpunkt nicht einheitlich definiert ist, wird im ersten Schritt auf unterschiedliche Studien sowie vorhandene Literatur zurückgegriffen und es werden die daraus gewonnenen Erkenntnisse zusammengefasst. Hierzu wird die Generation Z genauer betrachtet. Anforderungen, Bedürfnisse und Erwartungen an mögliche Arbeitgeber werden herausgearbeitet und deren Auswirkungen auf die Führung analysiert.

Nach der theoretischen Literaturrecherche erfolgt der empirische Teil der Arbeit. Mitarbeiter der Generation Z im Vertrieb werden im Experteninterview bezüglich ihrer Anforderungen und Bedürfnisse befragt und inwiefern diese bereits im Baumaschinenvertrieb berücksichtigt werden. Mittels einer quantitativen, stark strukturierten, schriftlichen Befragungsmethode (Online-Umfrage) von Führungskräften (Einzelbefragung) im Baumaschinenvertrieb wird mittels Stichproben (Teilerhebung) eine Vielzahl an Daten gewonnen. Im Anschluss daran wird analysiert, welche Maßnahmen zur Führung der Generation Z bereits eingesetzt werden und ob die Führungskräfte auf die neue Herausforderung vorbereitet sind.

Durch die schriftliche Befragung („questionnaire“) ergeben sich folgende Vorteile für die Studie:

- Befragte können die Fragen ohne „Druck“ beantworten
- Befragte Personen werden nicht durch das Verhalten eines Interviewers beeinflusst
- Geringer Zeit- und Kostenaufwand
- Große Reichweite durch verschiedene, bereits bestehende Netzwerke, wie beispielsweise Xing, LinkedIn und berufliche interne Netzwerke

Nach den Befragungen werden die Ergebnisse aus der Literaturrecherche mit den gewonnenen Erkenntnissen aus den Befragungen verglichen und eventuelle Abweichungen herausgearbeitet. Im letzten Schritt werden auf Basis der Literaturrecherche und den durchgeführten Befragungen Kriterien deduziert, die für die Führung der Generation Z von Bedeutung sind. Diese Kriterien sind speziell für den Baumaschinenvertrieb und bilden keinen allgemeinen Ansatz im Umgang mit der Generation Z in anderen Branchen.

Der Einsatz eines Mixed-Methoden-Ansatzes, welcher sowohl aus Experteninterviews als auch aus Befragungen von Führungskräften im Baumaschinenvertrieb und Personen der Generation Z besteht, bietet nachfolgende Vorteile:

1. **Komplementäre Datensätze:**
   Durch Umfragen und Experteninterviews werden oft unterschiedliche Arten von Daten generiert, bei Umfragen werden große Mengen an quantifizierten Informationen durch die Teilnehmer, bei Experteninterviews hingegen werden qualitative Einblicke von Fachleuten gewährt. Durch die Kombination beider Arten werden komplementäre Datensätze generiert.
2. **Vertiefende Einblicke:**
   Durch die Befragung ausgewählter Experten können tiefe Einblicke in spezifische Themenfelder, aber auch komplexere Fragestellungen gewonnen werden. Durch eine Kombination mit Umfragen können die gewonnenen qualitativen Erkenntnisse die quantitativen Daten kontextualisieren und interpretieren.
3. **Validierung der Ergebnisse:**
   Wenn die quantitativen und qualitativen Daten eine ähnliche Schlussfolgerung zulassen, wird die Robustheit der ermittelten Ergebnisse bekräftigt.
4. **Perspektiven:**
   Umfragen bieten eine breite Perspektive aufgrund der großen Stichproben, wohingegen Interviews mit Experten und Fachleuten fokussierte und detaillierte Einblicke liefern können. Dies trägt zu einer umfassenden Analyse bei.
5. **Holistischer Blick auf die Forschung:**
   Durch die Zusammenführung von quantitativen und qualitativen Ansätzen wird ein holistischer Blick auf die Forschung ermöglicht. Trends oder Muster können identifiziert und es kann gleichzeitig in die Tiefe gegangen werden, um komplexe Zusammenhänge anhand von Experteninterviews zu begreifen.

Durch das Zusammenführen von Umfragen und Experteninterviews kann man umfassendere und tiefergehende Perspektiven erhalten und vielfältige Daten zu Forschungszwecken nutzen. Daraus lassen sich umfassendere Schlussfolgerungen ableiten.

In Abbildung 1.3 wird der Aufbau und der Ablauf des quantitativen Forschungsdesigns und der einzelnen Phasen dargestellt (Tabelle 1.1).

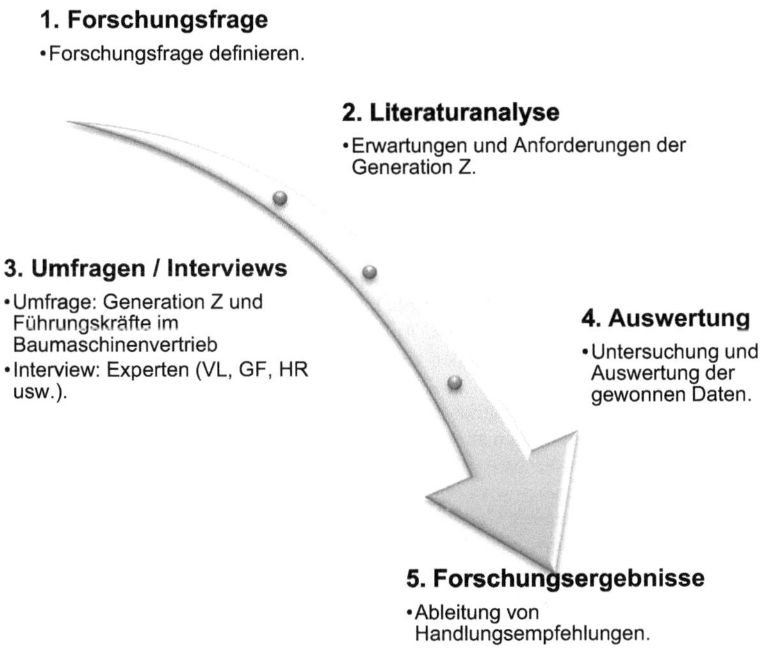

Abbildung 1.3 Aufbau und Ablauf des quantitativen/qualitativen Forschungsdesigns[14]

1.6 Aufbau und Ablauf der Arbeit

---

[14] In Anlehnung an Lindner (2018), Zugriff: 07.10.2022.

Tabelle 1.1 Aufbau und Ablauf der Forschungsarbeit

Kapitel	Thema
Kap. 01	**Einleitung:** In diesem Kapitel werden die konzeptionellen Aspekte der Arbeit erläutert. Durch eine kurze Einleitung wird der Leser an das vorliegende Thema herangeführt. Die Probleme im Kontext zum beschriebenen Thema werden erläutert und die Ziele der vorliegenden Arbeit werden dem Leser genau beschrieben. Das geplante methodische Vorgehen gibt dem Leser einen Überblick über die wissenschaftliche Herangehensweise der Forschungsarbeit. Damit der Leser eine genaue Vorstellung von dem zu untersuchenden Baumaschinenvertrieb erhält, werden die Merkmale der Branche eingegrenzt und genau beschrieben.
Kap. 02	**Konzeptionelle Grundlagen:** In diesem Kapitel ist es das Ziel, dem Leser die konzeptionellen Grundlagen zu erläutern. Es wird ein Überblick über die Generation Z und deren besonderen Erwartungen und Anforderungen an die Arbeitgeber geschaffen und die Unterschiede zu den vorangegangenen Generationen werden aufgezeigt. Dieses Kapitel beschäftigt sich auch mit dem demografischen Wandel und seinen Auswirkungen auf den deutschen Arbeitsmarkt. Dem interessierten Leser werden die Auswirkungen des demografischen Wandels genauer beschrieben und es wird erläutert, welchen Einfluss dieser auf die Generation Z hat. Des Weiteren werden klassische und moderne Führungsstile verglichen und deren Unterschiede beleuchtet. Die Verbindung zwischen den organisationalen Schnittstellen, wie die Vertriebssteuerung und das Human Resource Management, werden auf ihre Auswirkungen auf die Generation Z betrachtet.
Kap. 03	Aufgrund der vorangegangenen Literaturrecherche werden in diesem Kapitel Hypothesen abgeleitet, welche in dem nachfolgenden Kapitel **mittels** empirischer Analysen auf ihre Gültigkeit überprüft werden.
Kap. 04	**Methodische Konzeption der empirischen Untersuchung:** In diesem Kapitel werden die Grundlagen der Empirie, welche in dieser wissenschaftlichen Arbeit zum Einsatz kommen, dokumentiert. Dabei werden das geplante methodische Vorgehen, die Dokumentation und die Gütekriterien zur Erhebung wissenschaftlicher Daten genau beschrieben. Die Stichprobengrößen für die einzelnen Befragungen werden genau ermittelt und dargestellt. Des Weiteren wird das Erhebungsinstrument detailliert vorgestellt, und dem Leser erklärt, wieso dieses Instrument eine valide Wahl zur Datenerhebung ist.

(Fortsetzung)

Tabelle 1.1 (Fortsetzung)

Kapitel	Thema
Kap. 05	**Auswertung der gewonnen Daten:** Dieses Kapitel beschäftigt sich mit der Auswertung der gewonnen Daten. In diesem Kapitel werden die drei durchgeführten Umfragen in einer deskriptiven Statistik dargestellt und die gewonnen Ergebnisse beschrieben. Ebenfalls werden die aufgestellten Hypothesen auf ihre Gültigkeit hin überprüft.
Kap. 06	**Bewertung der Ergebnisse, Fazit und Ausblick** Die gewonnen Ergebnisse werden in diesem Kapitel nochmals zusammengefasst und erläutert. Im Anschluss daran, wird ein Fazit über die durchgeführte Arbeit gezogen. Zum Abschluss wird ein Ausblick auf weitere Forschungsmöglichkeiten aus Sicht der forschenden Person gegeben.

Konzeptionelle Grundlagen 2

Im Folgenden werden die Begriffe, welche zum Verständnis der Problemstellung wichtig sind, sowie konzeptionellen Grundlagen genauer erläutert.

2.1 Definition Generation

Unter dem Begriff „Generation" wird im Allgemeinen ein Zusammenhang zwischen Menschen verstanden, welche etwa zur gleichen Zeit geboren wurden und sich aufgrund ihrer Einstellung, ihrer Erfahrungen sowie ihrer Verhaltensformen von anderen Generationen unterscheiden.[1] Geprägt werden die Generationen ungefähr zwischen ihrem 11. und 15. Lebensjahr, was in etwa zwischen der Kindheit und der „Verkopftheit" ist.[2] In dieser Zeit nimmt ein junger Mensch die von außen kommenden Einflüssen bewusst wahr.

Die Wahrnehmungen, welche die Werte und Präferenzen des Menschen prägen, werden stark von der Politik, sowie von der Gesellschaft beeinflusst. Das gemeinsame Erleben von Ereignissen verbindet die Menschen, trägt maßgeblich dazu bei, dass sich Generationen bilden.[3] Dies kann dazu führen, dass, aufgrund fließender Übergänge, verschiedene Quellen zu leichten Abweichungen der Geburtenjahre kommen.[4]

---

[1] Vgl. Liebsch (2022), Zugriff: 09.03.2023.

[2] Vgl. Mangelsdorf (2015), S. 12.

[3] Vgl. ebd. (2015), S. 12.

[4] Vgl. ebd. (2015), S. 12.

T. Nebgen, *Führen der Generation Z im Vertrieb*,
https://doi.org/10.1007/978-3-658-45418-0_2

Zum heutigen Zeitpunkt leben in der Gesellschaft sechs Generationen nebeneinander. Die Traditionalisten, Generation Babyboomer, Generation X, Generation Y, Generation Z und die Generation Alpha. Von den insgesamt sechs Generationen befinden sich zum heutigen Zeitpunkt vier am aktiven Arbeitsmarkt.[5] In der nachfolgenden Arbeit werden die vorangegangenen Generationen und die Generation Alpha nicht weiter betrachtet, da diese bereits aus dem Arbeitsmarkt ausgeschieden, bzw. noch nicht eingetreten sind.

In der nachfolgenden Tabelle 2.1 werden die Generationen und ihre prägenden Einflüsse übersichtlich dargestellt.

Tabelle 2.1 Generationen im Überblick.[6]

Generationen In Deutschland	Geburtsjahr	Altersgruppen Stand: 2023	Prägende Jahre	Prägende Einflüsse
Babyboomer Ca. 20,7 Mio.	1946–1964	59–77 Jahre	1957–1979	Wirtschaftswunder, RAF, Challenger, Tschernobyl, Video, Walkman, Scheidungsrate, MTV
Generation X Ca. 17,8 Mio.	1965–1979	44–58 Jahre	1976–1994	Tschernobyl, Ölkrise, RAF, Atari, Mauerfall, Scheidungsrate, Walkman, Video
Generation Y Ca. 14,8 Mio.	1980–1995	28–43 Jahre	1991–2010	Klimawandel, 9/11, Bin Laden, Golfkrieg, Handy, Helikoptereltern, Handy
Generation Z Ca. 14,7 Mio.	1995 – ?	Jahre	2007–?	Finanzkrise, Wirtschaftskrise, Fukushima, Arabischer Frühling, Smartphone, iPad, Reality-TV

In der Literatur und in aktuellen Studien schwanken die Angaben über die Geburtsjahre der Generation Z. In dieser Studie wird gemäß *Kleinjohann/ Reinecke 2020* von einem Zeitraum von 1995 bis 2012 als Geburtsjahre der Generation Z ausgegangen.

[5] Vgl. Einramhof-Florian (2022), S. 7.

[6] Vgl. Mangelsdorf (2015), S. 13–23.

2.1.1 Generation Z – The Digital Natives

Die Generation Z betritt derzeit den Arbeitsmarkt und hat andere Erwartungen und Werte als die vorangegangenen Generationen. Sie kennt ihre Werte, ist sich ihrer Möglichkeiten bewusst und ihre Rahmenbedingungen fordert sie konsequent ein.[7] Der Drang nach Selbstverwirklichung und freier Entfaltung ist in dieser Generation stark ausgeprägt. Stets nach dem Motto „Alles ist möglich" drängt sie auf den Arbeitsmarkt.[8] Die Verantwortung in der Gesellschaft gewinnt bei dieser Generation immer mehr an Bedeutung, wohingegen klassische Anreize ihre Bedeutung verlieren.[9]

2.1.2 Definition und Merkmale der Generation Z

Unter der Generation Z werden alle Menschen verstanden, welche zwischen 1995 und 2010 geboren wurden.[10] Sie sind die erste Generation, die mit digitalen Geräten wie z. B. Smartphones, Tablets etc. aufgewachsen ist. Die digitale Kommunikation beeinflusst das Denken und Handeln dieser Generation und ist aus deren Alltag nicht mehr wegzudenken.[11] Sie leben komplett im digitalen Zeitalter und sind hypervernetzt.[12] Bei dieser Generation spielt die Trennung zwischen Privat- und Berufsleben eine wichtige Rolle. Klare Abgrenzungen und Strukturen werden eingefordert. Der Wille zur Leistungsbereitschaft wird im Gegensatz zur Generation Y niedriger sein, da die Suche nach dem Sinn und der Selbstverwirklichung vermehrt im Privatleben gesucht wird und nicht in der Arbeit.[13] Das Privatleben findet zu einem überwiegenden Teil online statt. Die Abgrenzung zwischen real und virtuell wird immer kleiner werden. Auch der Sinn nach Gerechtigkeit und Fairness zeichnet die Generation Z aus.[14]

---

[7] Vgl. Esmailzadeh (2022), Zugriff: 05.11.2022.

[8] Vgl. ebd. (2022), Zugriff: 05.11.2022.

[9] Vgl. haustec (2022), Zugriff: 05.11.2022.

[10] Vgl. Lanushny (2022), Zugriff: 05.11.2022.

[11] Vgl. ebd. (2022), Zugriff: 05.11.2022.

[12] Vgl. Mihovilovic/Knebel (2017), Zugriff: 05.11.2022.

[13] Vgl. ebd. (2017), Zugriff: 05.11.2022.

[14] Vgl. Lanushny (2022), Zugriff: 06.11.2022.

2.1.3 Anforderungen und Erwartungen der Generation Z an die Arbeitgeber im Vergleich zur Boomer Generation

Im Jahre 2021 wurde eine Studie durchgeführt, deren Ziel es war, herauszufinden, was der Generation Z bei der Gestaltung ihres Lebens besonders wichtig ist. Hierzu wurden 1059 Beschäftigte Personen ab einem Alter von 16 Jahren zum Thema „Zukunft der Arbeit„ befragt.[15] Verglichen wurden die Bedürfnisse der Generation Z mit der Boomer Generation, welche zwischen 1946 und 1964 geboren wurde. Die Boomer Generation ist aktuell noch auf dem Arbeitsmarkt, geht jedoch schon teilweise in den Ruhestand. Sie ist am Arbeitsmarkt die älteste Generation, welche mit der Generation Z verglichen werden kann.

Wie in Tabelle 2.2 zu sehen ist, gibt es bei der Boomer Generation und der Generation Z deutliche Unterschiede in dem, was sie von ihrem Beruf wirklich erwarten.

Tabelle 2.2 Was die Generation Z im Beruf wirklich will. Im Vergleich zur Boomer Generation[16]

Was die Generation Z im Beruf wirklich will Im Vergleich zur Boomer Generation.		
GenZ	Boomer	
83 %	87 %	Materieller Wohlstand
68 %	76 %	Gebraucht werden
56 %	43 %	Sich selbst verwirklichen
53 %	36 %	Karriere machen
53 %	27 %	Viel freie Zeit haben

Bei der Frage nach dem materiellen Wohlstand gaben 83 Prozent der Befragten der Generation Z an, dass ihnen dies wichtig sei. Bei der Boomer Generation waren der Stellenwert mit 87 Prozent (+3 Prozent) noch höher. Auch bei der Frage nach der Wichtigkeit des „gebraucht werden“ waren es bei der Generation Z lediglich 68 Prozent der befragten Personen, welches dies für wichtig halten. Bei der Boomer Generation gaben 76 Prozent (+8 Prozent) der befragten Personen an, dass ihnen dies wichtig sei. Bei der Frage, wie wichtig die Selbstverwirklichung sei, gaben 56 Prozent der Generation Z an, dass dies bei

[15] Vgl. Jager (2021), Zugriff: 05.11.2022.

[16] Vgl. Jager (2021), Zugriff: 05.11.2022.

ihnen eine besondere Rolle spielt. Der Boomer Generation ist dies jedoch mit 43 Prozent (−13 Prozent) nicht so wichtig wie der Generation Z. Auch bei der Karrierefrage war es der Generation Z mit 53 Prozent wichtiger als der Boomer Generation mit 36 Prozent (−16 Prozent). Einer der bedeutendsten Unterschiede liegt bei der Frage nach dem Stellenwert der Freizeit. Hier gaben 53 Prozent der Generation Z an, dass bei ihnen die Freizeit ein wichtiger Faktor ist. Bei der Boomer Generation legten lediglich 27 Prozent, großen Wert darauf.

Tabelle 2.3 Was müssen Arbeitgeber bieten?[17]

Was müssen Arbeitgeber bieten? Im Vergleich zur Boomer Generation.		
GenZ	Boomer	
62 %	74 %	Jobsicherheit
44 %	39 %	Gesellschaftliche Verantwortung
51 %	64 %	Finanzielle Stabilität
33 %	34 %	Starkes Management
29 %	28 %	Neue Technologie
33 %	42 %	Guten Standort

Wie in Tabelle 2.3 zu sehen ist, gibt es auch bei der Frage nach „was müssen Arbeitgeber bieten?“ deutliche Unterschiede zwischen den beiden Generationen. Liegt in der Boomer Generation die Jobsicherheit mit 74 Prozent der befragten Personen an höchster Stelle, so liegt die in der Generation Z lediglich bei 62 Prozent. Bei der gesellschaftlichen Verantwortung hingegen ist die Wertigkeit bei der Generation Z bei 44 Prozent, bei der Bommer Generation lediglich bei 39 Prozent. Betrachtet man die Relevanz der finanziellen Stabilität, so ist die der Boomer Generation mit 64 Prozent deutlich wichtiger als der Generation Z mit nur 51 Prozent. Bei den Fragen nach der Relevanz eines starken Managements und neuen Technologien gab es lediglich Abweichungen von 1 Prozent. Ein guter Standort hingegen ist der Boomer Generation mit 42 Prozent deutlich wichtiger als der Generation Z mit 33 Prozent.

[17] Vgl. Jager (2021), Zugriff: 05.11.2022.

2.1.4 Job-Wechselbereitschaft der Generation Z

2022 und 2023 beauftragte die Businessplattform XING, sowie onlyfly by XING die Forsa Gesellschaft für Sozialforschung und statistische Analysen mbH eine Befragung zur Job-Wechselbereitschaft der Generationen Z und Y durchzuführen. Bei der Befragung haben insgesamt 3.042 erwerbstätige Personen aus diesen Generationen teilgenommen. Zwar war die Generation Y mit 48 Prozent geringfügig wechselwilliger als die Generation Z mit 49 Prozent, jedoch ist die aktive Wechselbereitschaft der Generation Z mit 14 Prozent deutlich höher als die der Generation Y mit lediglich 9 Prozent (Abbildung 2.1).

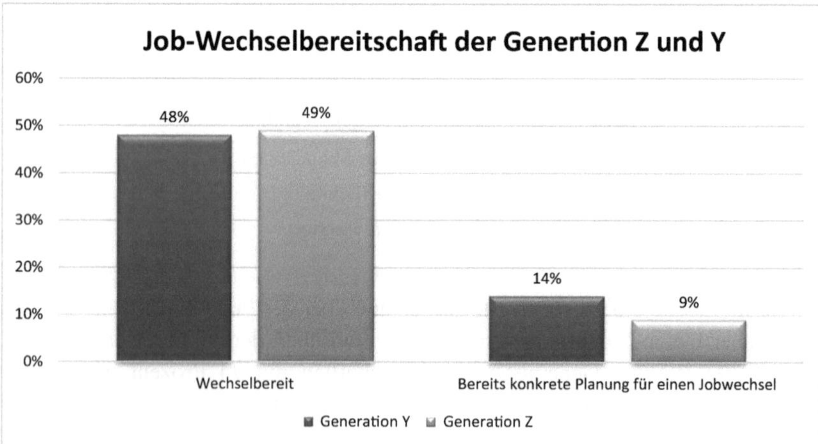

Abbildung 2.1 Job-Wechselbereitschaft der Generationen Z und Y[18]

Wie In Abbildung 2.2 zu sehen ist, sind zu 49 Prozent das Gehalt, zu 42 Prozent zu viel Stress und zu 27 Prozent die Führungskräfte ein Grund für die Generation Z, den Arbeitgeber zu wechseln.

Wie in Abbildung 2.3 zu sehen ist, wünschen sich 82 Prozent der befragten Personen aus der Generation Z eine 4-Tage-Woche, 74 Prozent ist eine flexible Arbeitszeit wichtig, 66 Prozent möchten im Home-Office arbeiten, 31

[18] Vgl. jungezielgruppe.de (2023), Zugriff: 30.12.2023.

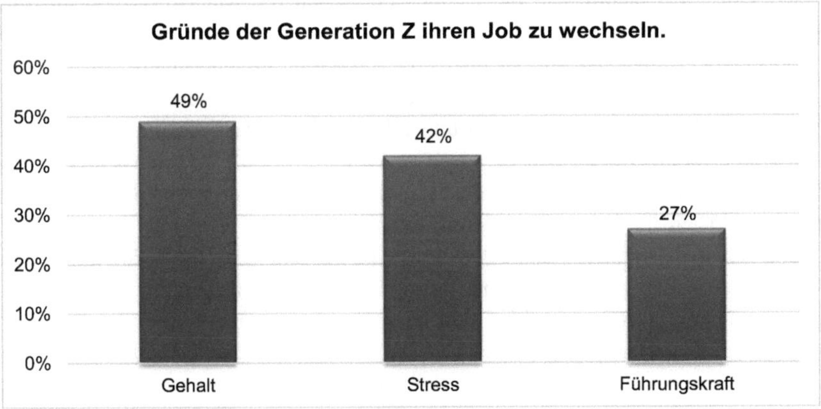

Abbildung 2.2 Gründe der Generation Z, ihren Job zu wechseln[19]

Prozent wünschen sich die Möglichkeit einen unbezahlten längeren Urlaub (Sabbatical) nehmen zu können und 23 Prozent möchten einen flexiblen Arbeitsplatz (Workation).

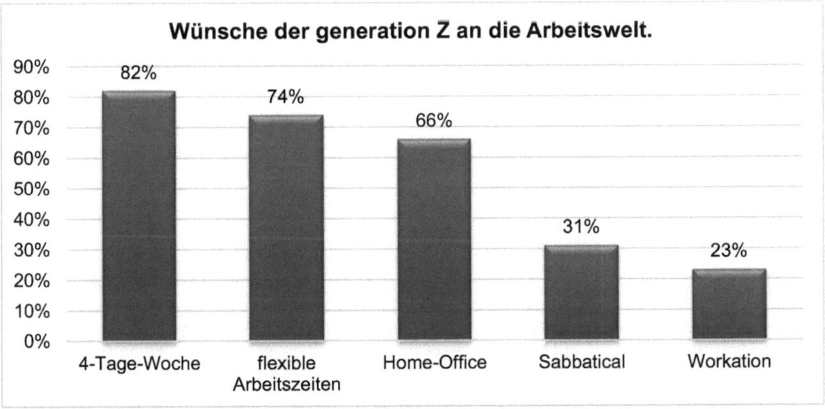

Abbildung 2.3 Wünsche der Generation Z an die Arbeitswelt

[19] Vgl. ebd. (2023). Zugriff: 30.12.2023.

Im Jahr 2023 beauftragte die Firma Continental das Marktforschungsinstitut YouGov eine Umfrage über die Generation Z durchzuführen. Insgesamt haben 3.000 Personen im Alter von 16 bis 67 Jahren daran teilgenommen.

Bei der Frage nach dem primären Ziel (Abbildung 2.4) von Arbeit gaben 56 Prozent der Personen zwischen 16 und 24 Jahren an, dass sie ihr Leben damit finanzieren möchten. Bei den Personen zwischen 25 und 57 Jahren waren es 65 Prozent und bei Personen zwischen 58 und 67 Jahren waren es 78 Prozent, die mit ihrer Arbeit ihr Leben finanzieren möchten.

Das Thema „Karriere machen" war bei 14 Prozent der 16 bis 24 Jahre alten Personen ausschlaggebender Grund. Bei den Personen zwischen 25 und 57 Jahren war es nur bei 7 Prozent und bei den Personen zwischen 58 und 67 Jahren nur bei 1 Prozent der Hauptgrund, welchen sie mit ihrer Arbeit verfolgten.

Bei der Antwortmöglichkeit der Selbstverwirklichung waren es 17 Prozent der befragten Personen zwischen 16–24 Jahren und 25–57 Jahren, welche dies als Hauptziel angaben. Bei Personen zwischen 58–67 Jahren waren es 10 Prozent welche dies als primäres Ziel in der Arbeit verfolgen.

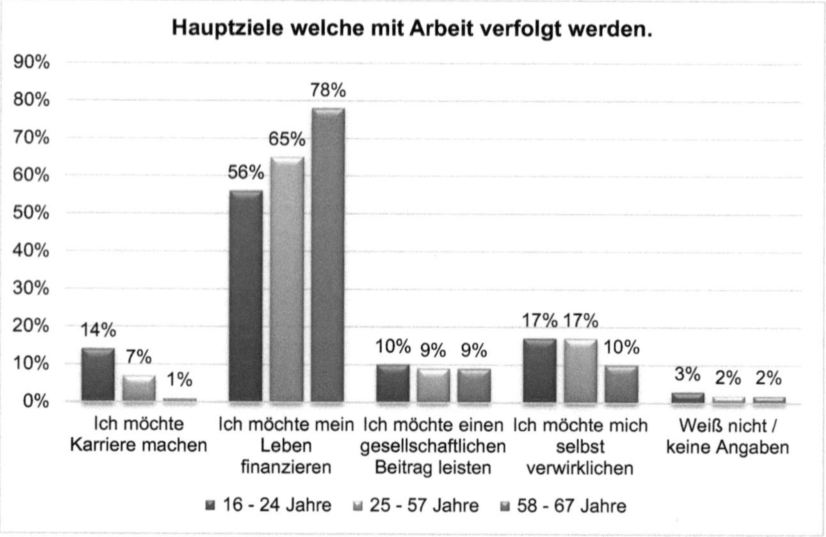

Abbildung 2.4 Ziele der Generation Z, welche sie mit Arbeit verfolgen[20]

[20] Vgl. YouGov (2023), Zugriff: 31.12.2023.

Einen gesellschaftlichen Beitrag zu leisten war bei allen drei befragten Personengruppen sehr niedrig eingestuft (≤10 Prozent).

Wie in Abbildung 2.4 zu sehen ist, ist bei 78 Prozent der befragten Personen, welche 16 bis 24 Jahre alt sind, eine bessere Bezahlung ein Grund den Arbeitgeber zu wechseln. Bei den 25 bis 57 Jahren alten Personen sind 71 Prozent bereit den Arbeitgeber aufgrund einer besseren Bezahlung zu wechseln und bei den Personen zwischen 58–67 Jahren sind es 56 Prozent. Das Gehalt nimmt bei den befragten Personen einen hohen Stellenwert ein.

Bei 16 Prozent der befragten Personen zwischen 16 und 24 Jahren ist ein Arbeitgeberwechsel aufgrund einer besseren Bezahlung nicht relevant. Bei Personen zwischen 25 und 57 Jahren ist dies zu 21 Prozent nicht von Relevanz und bei den Personen zwischen 58 bis 67 Jahren ist dies bei 35 Prozent nicht ausschlaggebend den Arbeitgeber zu wechseln (Abbildung 2.5).

Abbildung 2.5 Arbeitgeberwechsel aufgrund besserer Bezahlung[21]

Abbildung 2.6 zeigt, ob mehr Flexibilität im Beruf ein Grund wäre, den Arbeitgeber zu wechseln. 67 Prozent der Personen zwischen 16 und 24 Jahren antworteten, dass mehr Flexibilität im Beruf ein Grund wäre den Arbeitgeber zu wechseln, bei den 25–57 Jahren alten befragten Personen ist dies für 59 Prozent relevant und bei den 58–67 Jahre alten Personen ist dies lediglich für 38 Prozent von Bedeutung.

[21] Vgl. YouGov (2023), Zugriff: 31.12.2023.

Bei 25 Prozent der befragten Personen zwischen 16 und 24 Jahren ist die Flexibilität im Beruf kein Grund den Arbeitgeber zu wechseln, bei den Personen zwischen 25 und 57 Jahren ist dies bei 34 Prozent der Fall und bei den befragten Personen zwischen 58 und 67 Jahren sind es 52 Prozent.

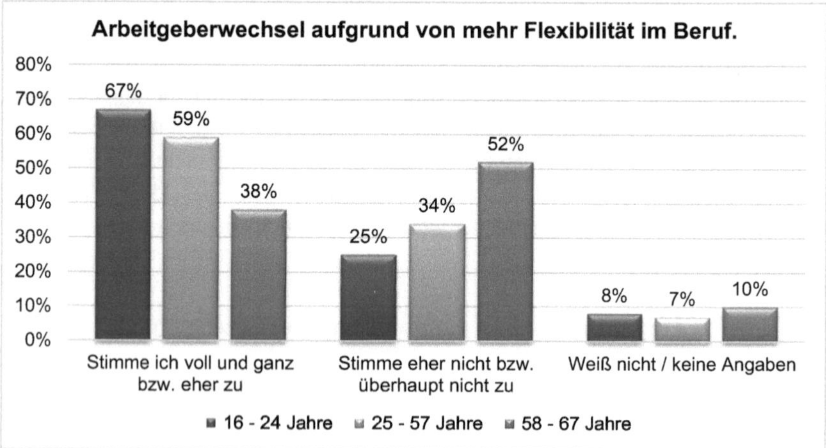

Abbildung 2.6 Arbeitgeberwechsel aufgrund von mehr Flexibilität im Beruf[22]

2.1.5 Wertorientierung und Lebenseinstellung der Generationen X, Y und Z

Im Jahr 2022 wurden die Generationen X, Y und Z zu ihren Wertorientierungen und ihrer Lebenseinstellung befragt, welche für sie besonders erstrebenswert sind (Abbildung 2.7). Bei Fragen, welche das Privatleben betreffen (Gute Freunde haben, enge Beziehungen zu anderen Menschen / viel Spaß haben, dass Leben genießen / starke Erlebnisse haben, Abenteuer, Spannung / die Welt, andere Kulturen kennenlernen) hat bei der Generation Z einen höheren Stellenwert als bei den vorangegangenen Generationen. Im Gegensatz dazu sind Fragen, welche die Familie und Partnerschaft betreffen (für die Familie da sein, sich für die Familie

[22] Vgl. YouGov (2023), Zugriff: 31.12.2023.

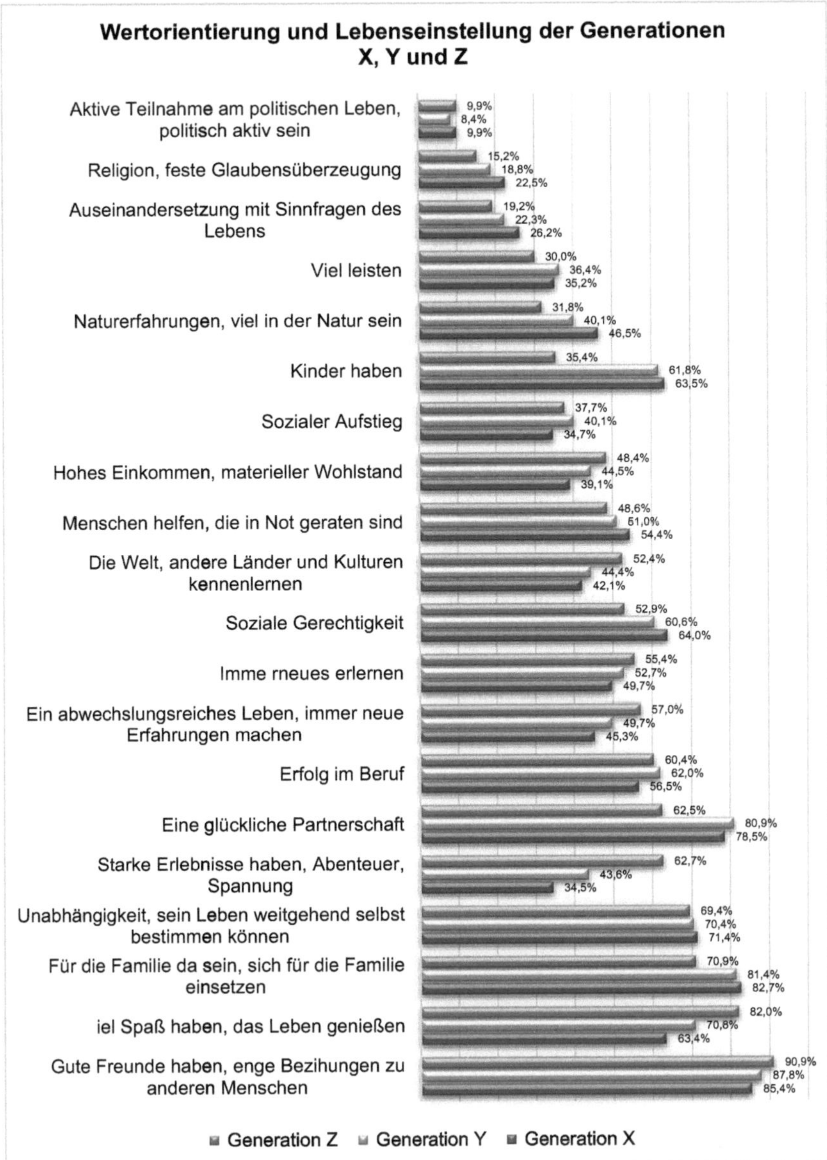

Abbildung 2.7 Wertorientierung und Lebenseinstellung der Generationen X, Y und Z[23]

[23] Vgl. STATISTA (2022), Zugriff: 31.12.2023.

einsetzen / eine glückliche Partnerschaft / Kinder haben) zu den anderen Generationen niedriger bewertet. Immer neues Lernen, ein hohes Einkommen sowie ein materieller Wohlstand wurden ebenfalls höher eingestuft als von den anderen Generationen.

Im Gegensatz dazu ist die Einstellung zu „viel leisten" niedriger bewertet als bei den Generationen X und Y.

Bei der Frage nach Unabhängigkeit und sein Leben weitestgehend selbst gestalten zu können, sind sich alle drei Generationen relativ einig.

2.1.6 Direkter Vergleich der Boomer-, X-, Y- und Z-Generation

Betrachtet man die Werte, die Merkmale, die Nutzung, die Kommunikationsmedien, das Konsumverhalten und die Mediennutzung der einzelnen Generationen, so werden hier deutliche Unterschiede ersichtlich. Waren die Werte der Generation Boomer noch durch Gesundheit, Idealismus, Kreativität, Ehrlichkeit und Vertrauen geprägt, so sind bei der Generation Z die Definition über materiellen Besitz, Vernetzung, Interaktion, Ohnmachtsgefühl und dem persönlichen Erfolg geprägt.[24] In Tabelle 2.4 und 2.5 werden die einzelnen Merkmale der Generationen und deren Unterschiede nochmals verdeutlicht.

[24] Vgl. Kleinjohann/Reinecke (2020), S. 5.

Tabelle 2.4 Generationenübersicht – Generation Bommer und Generation X[25]

	Boomer Generation 1950–1967	Generation X 1968–1979
Werte	• Gesundheit • Idealismus • Kreativität • Ehrlichkeit • Vertrauen	• Unabhängigkeit • Individualismus • Sinnsuche • Effizienz
Merkmale	• Teamorientiert • Arbeit hat höchsten Stellenwert • Karriereorientiert • finanzkräftig	• Pragmatisch • Strebt nach hoher Lebensqualität • Zeit ist wertvoller als Geld
Kommunikationsmedien	• E-Mail • Mobiltelefon	• E-Mail • Mobiltelefon
Konsumverhalten	• Markentreue • Statussymbole • Luxus, Genuss, Exklusivität • Sprechen gut auf Werbung an	• Belohnung für harte Arbeit • Marken affin • Produkte, die den Alltag erleichtern und fortschrittlich sind • Sprechen gut auf Werbung an
Mediennutzung	• Fernsehen • Radio • Zeitschriften • Zeitung	• Fernsehen • Radio • Zeitschriften • Zeitung • Internet

2.1.7 Demografischer Wandel

Der Begriff „Demografischer Wandel" beschreibt die Veränderung der Bevölkerung, Hintergründe für die permanenten Veränderungen sind hauptsächlich Zuwanderung, Abwanderung, Geburtenrate und Todesfälle.[26] Durch steigende Lebenserwartungen der Bürger verschiebt sich zusätzlich der Altersdurchschnitt nach oben, was bereits jetzt zu weitreichenden Konsequenzen im sozialen Sicherungssystem, im Gesundheitssystem und am Arbeitsmarkt führt.[27]

[25] Vgl. ebd. (2020), S. 5.

[26] Vgl. Schneider/Toyka-Seid (2022), Zugriff: 06.11.2022.

[27] Vgl. Welk (2015), S. 53–54.

Tabelle 2.5 Generationenübersicht – Generation Y und Generation Z[28]

	Generation Y 1980–1994	Generation Z 1995–2012
Werte	• Vernetzung • Selbstbewusstsein • Sinnsuche • Optimismus • Nachhaltigkeit	• Definition über • materiellen Besitz • Vernetzung • Interaktion • Ohnmachtsgefühl • Persönlicher Erfolg
Merkmale	• Digital Natives • Leben im Hier und Jetzt • 24/7 online	• International • Digital Natives • 24/7 online • Leicht beeinflussbar von Meinungsführung • Anspruchsvoll • Pragmatisch
Kommunikationsmedien	• Social Media • Smartphone	• Social Media • Smartphone
Konsumverhalten	• Nachhaltigkeit • Bewusster Konsum • Onlineshopping • Effizienz • Sprechen weniger gut auf Werbung an	• Onlineshopping • Empfehlungen von Freunden und Influencern • Status und Nachhaltigkeit • Sprechen auf klassische Werbung nicht an
Mediennutzung	• Fernsehen • Internet • Social Media • Streamingdienste	• Internet • Social Media • Streamingdienste

2.1.7.1 Veränderung der Altersstruktur in Deutschland

Bei der Altersstruktur in Deutschland zeichnen sich klare Veränderungen ab. Die Generation X ist aktuell die stärkste Generation am Markt. Die Population der folgenden Generationen ist, wie in Abbildung 2.8 zu erkennen ist, stark abfallend.

Am 31.12.2021 war die Generation X die stärkste Altersgruppe in Deutschland mit einem Gesamtanteil von insgesamt 19,9 Prozent. Diese Generation ist aus heutiger Sicht (2022) 42 bis 56 Jahre alt, dicht gefolgt von der Generation Y, welche 19,1 Prozent der Gesamtbevölkerung in Deutschland ausmacht.

[28] Vgl. Kleinjohann/Reinecke (2020), S. 5.

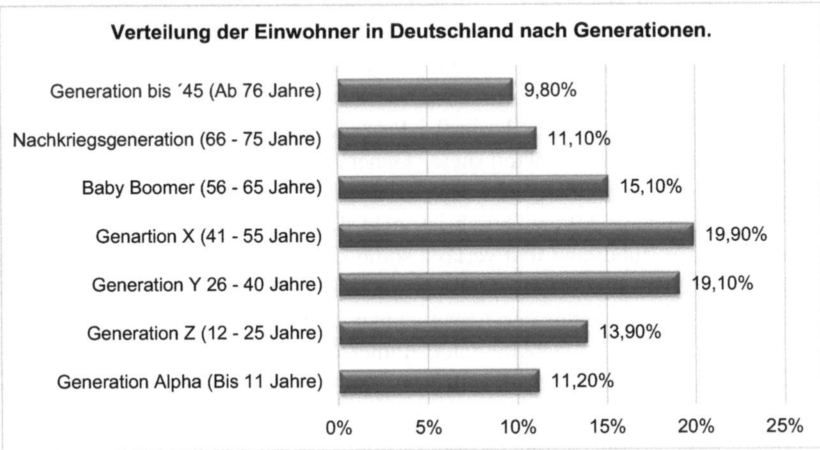

Abbildung 2.8 Verteilung der Einwohner in Deutschland nach Generationen 2021[29]

Die Generation Babyboomer kommt auf einen Gesamtanteil von 15,1 Prozent. Die Generation Z umfasst zum Erhebungszeitraum lediglich 13,9 Prozent der deutschen Bevölkerung. Dieser demografische Wandel hat bereits heute schon Auswirkungen auf den Arbeitsmarkt.

2.1.7.2 Veränderung der erwerbstätigen Bevölkerung in Deutschland

Den stärksten Anteil am deutschen Arbeitsmarkt belegt derzeit die Generation X mit 36,4 Prozent der gesamten berufstätigen Bevölkerung in Deutschland. Bereits in einem Jahrzehnt werden die ersten dieser Generation das Renteneintrittsalter erreichen und den Arbeitsmarkt verlassen.[30] Diese Arbeitnehmer müssen dann am Arbeitsmarkt durch eine jüngere Generation ersetzt werden.

Die zweitstärkste Generation am Arbeitsmarkt ist die Generation Y, mit einem Anteil von 30,6 Prozent, an der erwerbstätigen Bevölkerung. Die jüngsten dieser Generation befinden sich zum Teil noch in der Ausbildung oder in einem Studium, und werden erst danach dem Arbeitsmarkt zur Verfügung stehen.[31]

[29] Vgl. Statista (2021), Zugriff: 06.11.2022.

[30] Vgl. Lehmann (2022), Zugriff: 06.11.2022.

[31] Vgl. ebd. (2022), Zugriff: 06.11.2022.

Die Generation Babyboomer ist aktuell mit 23,5 Prozent am Arbeitsmarkt vertreten. Die ersten dieser Generation haben bereits das Ruhestandsalter erreicht und stehen dem Arbeitsmarkt nicht mehr zur Verfügung.[32]

Den kleinsten Anteil der berufstätigen Bevölkerung in Deutschland bildet die Generation Z mit einem Anteil von 9,5 Prozent. Mit einem aktuellen Alter von 12 bis 25 Jahren ist der Großteil dieser Generation noch in der Ausbildung und wird zu einem späteren Zeitpunkt dem Arbeitsmarkt zur Verfügung stehen.[33]

Wie in Abbildung 2.9 ersichtlich ist, geht die Babyboomer Generation aktuell schon in den Ruhestand und verlässt somit den Arbeitsmarkt. Die Generation Z hingegen betritt gerade erst den Arbeitsmarkt und wird in den kommenden Jahren einen großen Anteil der Arbeitnehmer ausmachen. Da die Generationen aufgrund der sinkenden Geburtenraten immer kleiner werden, wird es zukünftig schwierig, die in den Ruhestand gehenden Arbeiter am Arbeitsmarkt durch jüngere Generationen nachzubesetzen, oder mit Rationalisierungsmaßnahmen zu ersetzen.

Aktuell befinden sich vier verschiedene Generationen, mit unterschiedlichen Wertvorstellungen und Bedürfnissen am Arbeitsmarkt. Aufgrund der unterschiedlichen Bedürfnisse und Erwartungen an den Arbeitsmarkt, ist es für die Führungskräfte oft schwierig, allen Generationen gerecht zu werden.

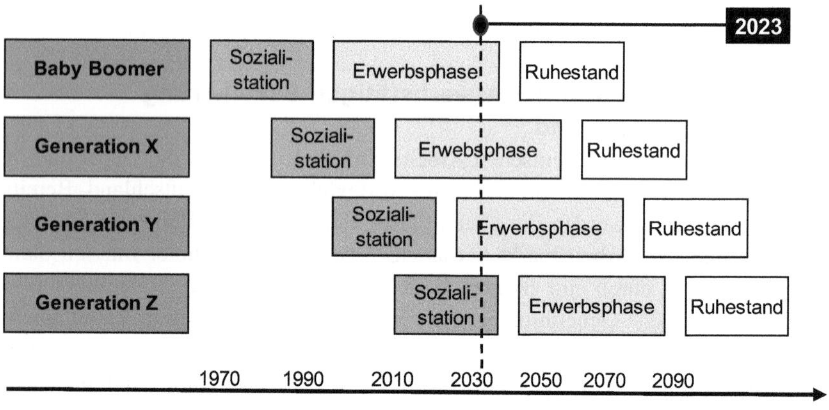

Abbildung 2.9 Generationen im Erwerbsleben[34]

[32] Vgl. ebd. (2022), Zugriff: 06.11.2022.

[33] Vgl. ebd. (2022), Zugriff: 06.11.2022.

[34] In Anlehnung an Kast (2022), S. 303.

2.1.7.3 Der demografische Wandel und die daraus entstehenden beruflichen Chancen für die Generation Z

Der demografische Wandel bringt auf dem Arbeitsmarkt neue Herausforderungen mit sich. Durch die veränderten Altersstrukturen am Arbeitsmarkt sinkt die Anzahl der erwerbstätigen Bevölkerung. Waren es bei dem Jahrgang der Generation „Babyboomer" noch bis zu 1,4 Mio. Personen, so sind es bei den nachfolgenden Jahrgängen nur noch bis zu 750.000 Personen pro Jahrgang.[35] Der Generation Z ist bewusst, dass das Rentensystem und die Arbeitsplätze für sie nicht mehr sicher sind.[36] Dies wiederum bringt der Generation Z neue Chancen für das kommende Berufsleben mit sich. Durch die rasch sinkende Zahl der erwerbstätigen Bevölkerung steigen die Chancen der Generation Z, schnell und erfolgreich in das Arbeitsleben zu starten.[37]

2.2 Führung

Unter Führung versteht man die durch die Führungskraft bewusste und zielgerichtete Beeinflussung von Gruppen und Personen.[38] Mit dieser Einflussnahme sollen die Verwirklichung der Ziele aus der Organisation erreicht werden. Unternehmensziele können sein.

Die Steigerung von:

- Marktanteil
- Wachstum
- Umsatz
- Produktivität
- Gewinn
- Rendite usw.[39]

Von außen betrachtet kann eine Führungssituation folgendermaßen wahrgenommen werden (Abbildung 2.10).

[35] Vgl. McDonlads (2019), S. 7.

[36] Vgl. Scholz (2015), S. 1.

[37] Vgl. McDonald´s (2019), S 7.

[38] Vgl. von Friedmann/Nerdinger (2019), S. 96.

[39] Vgl. ebd. (2019), S. 96.

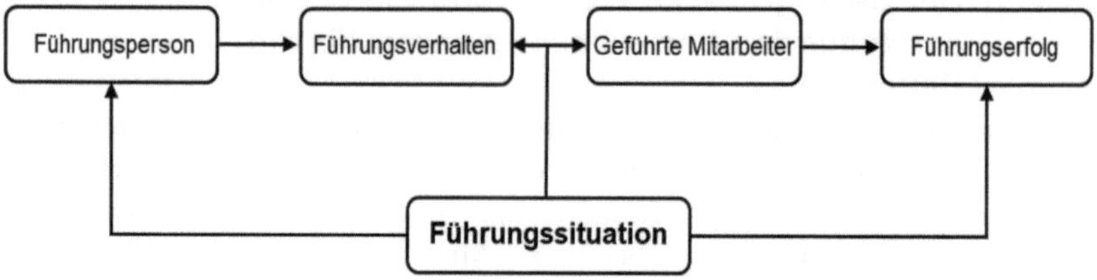

Abbildung 2.10 Rahmenmodell der Führung[40]

Die Führungskraft zeigt gegenüber den ihr unterstellten Personen ein bestimmtes Verhalten, das sich auf die zielbezogene Einflussnahme welches auf einzelne Mitarbeiter oder Gruppen auswirkt. Daraufhin zeigen die Mitarbeiter ein bestimmtes Verhalten, wie z. B. die Intensivierung der Arbeit. Das Verhalten der Mitarbeiter zeigt somit bestimmte Ergebnisse, welche den Führungserfolg zeigen.[41] In Zeiten des Wandels, der Krisen und der daraus resultierenden Unsicherheit ist eine gute Führung ein wichtiger Erfolgsfaktor in allen Organisationen.[42]

Unter einer erfolgreichen Führung identifizieren sich die Mitarbeiter mit den Zielen des Unternehmens und werden motiviert und engagiert beste Leistungen erbringen.[43] Eine weitere wichtige Aufgabe der Führung ist es, Personal langfristig an das Unternehmen zu binden. Dies können die Führungskräfte mit der Art und Weise, wie sie ihre Mitarbeiter führen beeinflussen. Im Laufe der Zeit haben sich verschiedene Führungsstile entwickelt, die alle eigene Merkmale aufweisen.

2.2.1 Führungsaufgaben

Nicht nur die Orientierung auf das Erreichen der Ziele gehört zu den Führungsaufgaben, sondern auch die Motivation der Mitarbeiter und die Bildung und Förderung von Gruppendynamiken.[44] Führungskräfte haben das Ziel, mit ihren Mitarbeitern zusammen zum Erreichen der Unternehmensziele beizutragen. Der

[40] Vgl. ebd. (2019), S. 97.

[41] Vgl. von Friedmann/Nerdinger (2019), S. 97.

[42] Vgl. Helmold/Dathe/Dathe (2022), S. 275.

[43] Vgl. ebd. (2022), S. 275.

[44] Vgl. Maier/Bartscher/Nissen (2018), Zugriff: 22.11.2022.

Erfolg oder Misserfolg der Führung zeigen sich an der erbrachten Leistung der untergebenen Mitarbeiter.[45]

Folgende Punkte gehören zu den wichtigsten Führungsaufgaben:

1. **Ziele:**
   Allen Mitarbeitern muss klar sein, was sie mit ihrer Arbeit erreichen sollen, bzw. welchen Beitrag sie zum Unternehmensziel beitragen und an was diese Ziele gemessen werden.
2. **Potenzial:**
   Die passenden Mitarbeiter auswählen, diese stärken und weiterentwickeln
3. **Informationen:**
   Den Austausch von Informationen sicherstellen
4. **Entscheidungen:**
   Wichtige Entscheidungen treffen
5. **Planung:**
   Ziele planen und das Team führen
6. **Delegation:**
   Verantwortung und Aufgaben übertragen
7. **Kontrolle:**
   Aufmerksam sein, Mitarbeitern vertrauen und Feedback geben
8. **Motivation:**
   Demotivation vermeiden und durch Motivation Spitzenleistungen ermöglichen[46]

2.2.2 Führungsstile

Unter dem Begriff Führungsstil wird das Verhaltensmuster von Vorgesetzten gegenüber ihren unterstellten Mitarbeitern zusammengefasst.[47] Ziel ist es hierbei, gemeinsame Ziele zu erreichen.[48] Nachfolgend werden die gängigen Führungsstile, unterteilt in klassische- und moderne Führungsstile, beschrieben.

[45] Vgl. von Friedmann/Nerdinger (2019), S. 84.

[46] Vgl. Jürgensen (2021), S. 26.

[47] Vgl. Wöhe (2010), S. 158.

[48] Vgl. Helmold/Dathe/Dathe (2022), S. 275.

2.2.2.1 Klassische Führungsstile

Zu den klassischen Führungsstilen gehören der autoritäre, der kooperative und der Laissez-faire-Führungsstil. Wie in Abbildung 2.11 zu sehen ist, verändert sich je nach Führungsstil der Entscheidungsspielraum der Mitarbeiter bzw. deren Disziplinierungsgrad.[49]

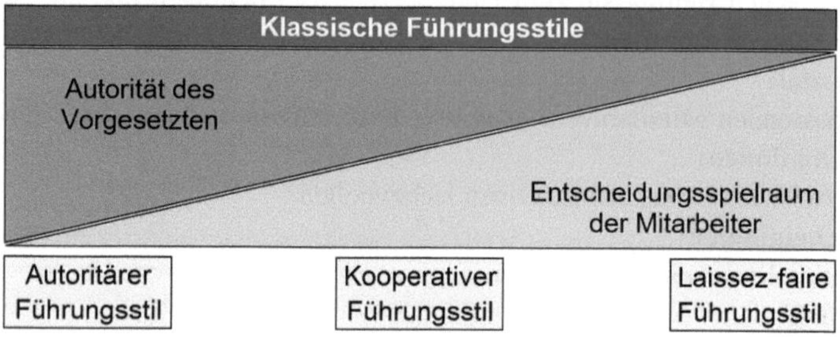

Abbildung 2.11 Klassische Führungsstile nach Lewin[50]

Autoritärer Führungsstil:

Bei diesem Führungsstil steht nicht die Führungsperson, sondern die Institution im Vordergrund. Hierbei wird der Alltag von Regeln und Anweisungen bestimmt und es herrscht eine Distanz zwischen der Führungsperson und den unterstellten Personen.[51] Aufgaben werden delegiert und lassen keinen Spielraum für Diskussionen oder Eigeninitiative der Mitarbeiter. Entscheidungen werden ausschließlich durch die Führungskraft gefällt.[52]

Kooperativer Führungsstil:

Bei diesem Führungsstil werden die Mitarbeiter bei Führungsentscheidungen beteiligt. Dies kann in einer beratenden Tätigkeit oder auch in einem demokratischen Willensbildungsprozess geschehen.[53] Durch diesen Führungsstil wird die Geschäftsleitung entlastet und die Mitarbeiter sind oftmals kreativer und dadurch

[49] Vgl. Projekte leicht gemacht (2022), Zugriff: 23.11.2022.

[50] Vgl. Projekte leicht gemacht (2022), Zugriff: 23.11.2022.

[51] Vgl. Wöhe (2010), S. 158.

[52] Vgl. Hegemann (2021), Zugriff: 23.11.2022.

[53] Vgl. Wöhe (2010), S. 159.

zufriedener und motivierter.[54] Oft wird der kooperative Führungsstil auch als partizipativer Führungsstil bezeichnet.

Laissez-faire-Führungsstil

Der Laissez-faire-Führungsstil eignet sich bei der Entwicklung von kreativen neuen Chancen und lässt dem Mitarbeiter mehr Freiraum und Zeit für die Erledigung seiner Aufgabe. Der Mitarbeiter hat einen klar abgegrenzten Spielraum für sein Handeln. Dieser Führungsstil geht von einem selbstverantwortlichen Handeln der Mitarbeiter aus und benötigt ein klares Controlling der Tätigkeiten.[55]

2.2.2.2 Moderner Führungsstil

Langezeit herrschte in der Führung das „Command & Control" Prinzip bei der Führung von unterstellten Personen. Dies ist jedoch ein Auslaufmodell und wird durch neue Führungsstile abgelöst. Gute Mitarbeiter haben den Anspruch auf Augenhöhe und vor allem mit Respekt behandelt und geführt zu werden. Deshalb führen moderne Führungskräfte kollegial, ohne immer auf ihrer Macht zu beharren. Das Team wird in die Entscheidungen miteinbezogen.[56]

Agiler Führungsstil:

Bei einem agilen Führungsstil ist das Unternehmen in der Lage, sich schnell Veränderungen anzupassen. Mitarbeiter werden auf Augenhöhe unterstützt, um bei Herausforderungen gemeinsam die beste Lösung zu finden. Entscheidungen können von den Mitarbeitern getroffen werden. Zu den zentralen Werten dieses Führungsstils gehören die Offenheit für Neues, Kommunikation, sowie eine flache Hierarchie. Die Bedürfnisse aller Stakeholder werden dabei berücksichtigt.[57]

---

[54] Vgl. Hegemann (2021), Zugriff: 23.11.2022.

[55] Vgl. Burmeister (2019), S. 48.

[56] Vgl. Thiemann (2022), Zugriff: 21.03.2023.

[57] Vgl. Helmold/Dathe/Dathe (2022), S. 282.

Situativer Führungsstil:
Bei diesem Führungsstil passt die Führungskraft ihren Führungsstil an die Fähigkeiten und die Leistungsbereitschaft des jeweiligen Mitarbeiters an.[58] Die Führungskraft entscheidet individuell, wie viel Freiheit und wie viel Führung die Person benötigt. Somit wird versucht, den Mitarbeiter je nach seinem persönlichen Reifegrad zu führen. Wie in Abbildung 2.12 zu sehen ist, werden die Reifegrade in vier Grade eingestuft.

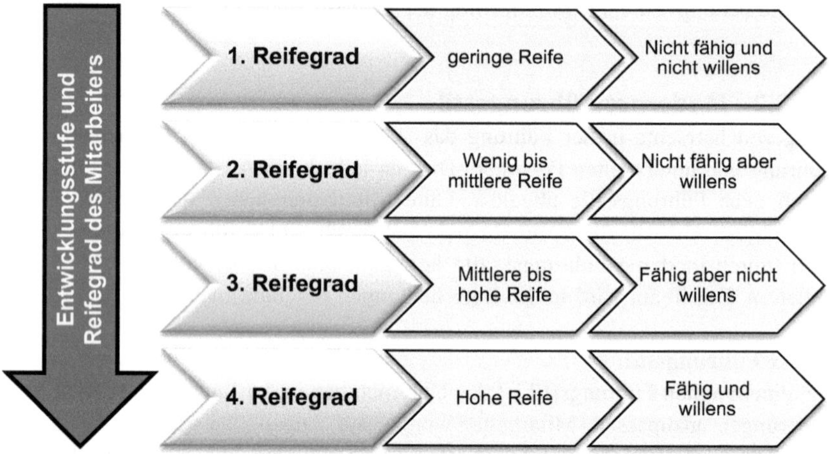

Abbildung 2.12 Entwicklungsstufe und Reifegrad des Mitarbeiters[59]

Für diese Art der Führung, benötigt die Führungskraft ein hohes Maß an Empathie, Offenheit und Zeit. Die wirtschaftlichen Ziele dürfen dabei jedoch nicht aus den Augen verloren werden.[60]

Transformationaler Führungsstil
Bei diesem Führungsstil handelt es sich um ein Konzept, bei dem ein Austausch zwischen der Führungskraft und dem Mitarbeiter stattfindet. Dies kann z. B. durch eine Zielvereinbarung geschehen. Hierbei weiß der Mitarbeiter, welche Erwartungen an ihn gestellt werden und welche finanziellen Vor- aber auch Nachteile ihm

[58] Vgl. Köhler (2020), Zugriff: 24.11.2022.
[59] In Anlehnung an Köhler (2020), Zugriff: 24.11.2022.
[60] Vgl. Hegemann (2021), Zugriff: 24.11.2022.

beim Erreichen oder auch Nichterreichen entstehen können.[61] Ziele und Regeln sind bei diesem Führungsstil klar geregelt und der Mitarbeiter bekommt dadurch Handlungssicherheit. Durch eine klare, offene Kommunikation der Ziele und Erwartungen bzw. Anforderungen entsteht das Gefühl von Transparenz und Gerechtigkeit bei den Mitarbeitern. Die Motive der Mitarbeiter werden jedoch hauptsächlich extrinsisch angeregt, was irgendwann an Grenzen stößt. Prämien, Gehalt oder Aufstiegsmöglichkeiten sind nicht unbegrenzt möglich. Durch diesen Führungsstil werden Kreativität und Innovation erschwert, da sich die Mitarbeiter nur an die ihnen vorgegebenen Ziele halten.[62]

2.2.3 Altersstruktur und Berufsausbildung von Führungskräften in Deutschland

Wie in Abbildung 2.13 zu sehen ist, haben 42,3 Prozent aller Führungskräfte eine akademische Berufsausbildung. 10,1 Prozent haben eine Ausbildung zu Meister oder Techniker, und 37,4 Prozent besitzen einen anerkannten Berufsabschluss. Lediglich 2,4 Prozent der Führungskräfte haben keine Berufsausbildung und 7,9 Prozent der befragten Führungskräfte machten über die Berufsausbildung keine Angaben.[63]

Das durchschnittliche Alter von Führungskräften in Deutschland beträgt 48 Jahre. Wie in Abbildung 2.14 zu sehen ist, ergab sich folgende Altersstruktur der eingesetzten Führungskräfte.

Da die vorliegende Statistik nach Alter und nicht nach Generationen erstellt wurde, finden Überschneidungen in den einzelnen Generationen statt.

[61] Vgl. Helmold/Dathe/Dathe (2022), S. 279.

[62] Vgl. Helmold/Dathe/Dathe (2022), S. 279.

[63] Vgl. Schuster/Strahl (2019), S. 9.

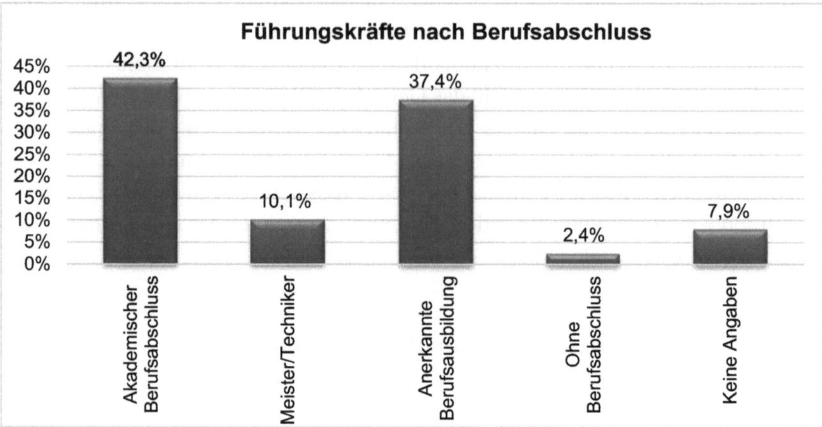

Abbildung 2.13 Führungskräfte nach Berufsabschluss[64]

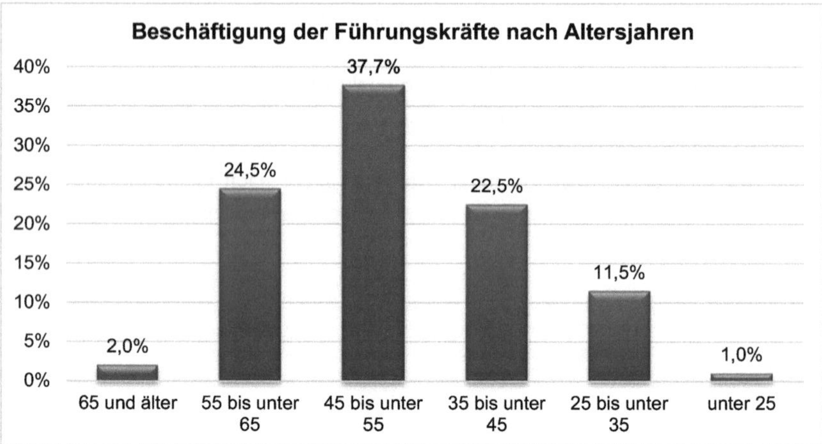

Abbildung 2.14 Beschäftigung nach Altersjahren[65]

[64] Vgl. ebd. (2019), S. 9.

[65] Vgl. Schuster/Strahl (2019), S. 33.

In Tabelle 2.6 ist die Zugehörigkeit der Generationen, passend zu den Altersgruppen aus der Abbildung 2.14, tabellarisch dargestellt. Die hier dargestellten Daten lassen den Rückschluss zu, dass die Generation Boomer und die Generation X in Führungspositionen in Deutschland am stärksten vertreten sind.

Tabelle 2.6 Ergänzung zu Abbildung 2.14: Zugehörigkeit der Generationen[66]

Alter Beschäftigte in %	Generationen			
	Boomer	X	Y	Z
	1950–1965	1968–1979	1980–1994	1995–2012
20–<35 11,5 %			**X**	**X**
35–<45 22,5 %		**X**	**X**	
45–<55 37,7 %	**X**	**X**		
55–<65 24,5 %	**X**			

2.2.3.1 Trends, die sich auf die Führungsstile auswirken

Verschiedene Trends, welche in drei Hauptgruppen untergliedert werden können, wirken auf die Führungsstile ein (Tabelle 2.7).

Die demografischen Trends beeinflussen die Führungsstile durch eine alternde Gesellschaft, das Schrumpfen der Bevölkerungszahl und die dadurch entstehende Verknappung der Nachwuchskräfte sowie der verlängerten Lebensarbeitszeit.

[66] In Anlehnung an Schuster/Strahl (2019), S. 33.

Tabelle 2.7 Trends mit Auswirkungen auf Führung und Führungsstile[67]

Demografische Trends	Technisch-ökonomische Trends	Soziale Trends
Alterung der Gesellschaft und Belegschaft	Globalisierung und Internationalisierung	Veränderung der Arbeitsweisen durch COVID-19
Schrumpfung der Gesellschaft und Bevölkerungszahl	Digitalisierung und Industrie 4.0	Nachhaltigkeit
Verknappung an Nachwuchskräften	Technische Innovationen und Kostendruck	Individualisierung von Produkten
Verlängerung der Lebensarbeitszeit	Wissens- und Innovationsgesellschaft	Work-Life-Balance
	Veränderungsmanagement	Urbanisierung
	Stetiger Wettbewerb auf internationaler Basis	Steigendes Umweltbewusstsein

Technisch-ökonomische Trends beeinflussen durch die Globalisierung, die Digitalisierung, durch technische Innovationen und dem daraus resultierenden Kostendruck. Auch der stetige internationale Wettbewerbsdruck und die Wissens- und Innovationsgesellschaft beeinflussen die Art des Führungsstils.

Zu den sozialen Trends, welche die Führungsstile beeinflussen, gehören unter anderem die aktuelle Veränderung der Arbeitsweisen durch COVID-19, die Nachhaltigkeit, das steigende Umweltbewusstsein, aber auch die Work-Life-Balance der Mitarbeiter.

2.2.3.2 Arbeitsverhalten der Generation Baby Boomer und der Generation Z

Es lassen sich nicht eindeutige Führungsstile jeder einzelnen Generation zuordnen, jedoch gibt es beim Arbeitsverhalten der verschiedenen Generationen merkliche Unterschiede. Wie bereits in Abbildung 2.14 aufgezeigt, sind ein Großteil der Führungspositionen durch die Generationen Boomer und der Generation X belegt. Diese Führungskräfte treffen auf die neue arbeitende Generation Z (Tabelle 2.8).

[67] Helmold/Dathe/Dathe (2022), S. 276.

Tabelle 2.8 Arbeitsverhalten der Generation Boomer, Generation X und der Generation Z[68]

	Boomer	Generation X	Generation Z
Positive Eigenschaften ↑	+ kundenorientiert + leistungsbereit + ehrgeizig + motiviert + beziehungsfähig + kooperativ	+ flexibel + technisch affin + unabhängig + selbstbewusst + kreativ	+ hohe Akzeptanz / Toleranz von Diversitäten + selbstüberzeugt + technologisch fit + selbstorganisationsfähig
Verhalten am Arbeitsplatz ↓ Negativ Eigenschaften	– egozentrisch – eher Prozess- als ergebnisorientiert – kritikempfindlich – vorurteilsbeladen	– ungeduldig – wenig sozial – zynisch – wenig durchsetzungsfähig	– Verantwortung wird abgegeben – geringe Sorgfalt – rudimentäres Google Gedächtnis
Einstellung zur Arbeit	Herausforderung und Selbstfindung	Job und Spaß	Arbeit ist Spaß Arbeit ist unsicher, und Arbeit ist unklar
Einstellung zur Autorität	Hassliebe	Unbeeindrucktheit	Indifferenz
Motto zur Arbeit und dem Leben	„Leben, um zu arbeiten“	„Arbeiten, um zu leben“	„Leben und arbeiten als fließender Prozess“

Das Verhalten am Arbeitsplatz kann bei der Führung unterschiedlicher Generationen zu Konflikten führen. Bei der Betrachtung der negativen Eigenschaften der Generation Z fällt auf, dass diese die Verantwortung gerne abgeben, nicht sehr sorgfältig arbeiten und ein rudimentäres Google-Gedächtnis aufweisen. Diese negativen Eigenschaften treffen auf die Generationen Boomer und X, was wiederum nicht zu deren Verhaltenseigenschaften am Arbeitsplatz passt.

Bei der Einstellung zur Autorität bestehen ebenfalls Differenzen. Besteht bei der Generation Boomer eine Hassliebe zur Autorität und die Generation X eher unbeeindruckt ist, so ist es der Generation Z gleichgültig.

---

[68] In Anlehnung an Lippold (2017), Zugriff: 27.11.2022.

2.2.3.3 Sensibilisierung der Führungskräfte und deren Führungsverhalten hinsichtlich der verschiedenen Generationen

Bei der Zusammenarbeit mehrerer Generationen in einem Unternehmen spielt die Haltung und das Verhalten der Führungskräfte eine zentrale Rolle. Die Führungskraft hat eine Vorbild- und Steuerungsfunktion und muss deshalb für die verschiedenen Präferenzen und Stärken der unterschiedlichen Generationen sensibilisiert werden.[69] Durch die Stärkung der Zusammenarbeit auf Augenhöhe kann die Führungskraft die vorhandenen Potenziale der einzelnen Generationen nutzen und so deren Zusammenarbeit fördern. Somit kann das Team den größtmöglichen Erfolg erzielen.[70]

2.3 Organisationale Schnittstellen

Um die Fach- und Führungskräfte zu gewinnen und langfristig an das Unternehmen zu binden, gibt es verschiedene Schnittstellen in den Unternehmen, die daran beteiligt sind. Es beginnt mit dem Human Resource Management (HRM), das für die Ausschreibung offener Stellen und deren Besetzung verantwortlich ist. Ein weiteres wichtiges Instrument, Fach- und Führungskräfte zu erkennen und zu fördern, ist ein internes Talentmanagement, welches dabei hilft, diese frühzeitig zu erkennen und den Mitarbeitern eine Perspektive innerhalb des Unternehmens zu geben. Nicht nur eine Karriere als Führungskraft kann eine Perspektive für Mitarbeiter sein, sondern auch fachspezifische Karrieren, welche keine Personalverantwortung beinhalten. Nicht jeder möchte Personalverantwortung übernehmen, aber dennoch sich beruflich weiterentwickeln. Auch Sonderformen wie zum Beispiel eine Projektkarriere oder eine Mosaikkarriere, welche zeitlich begrenzt sind, bieten den Mitarbeitern die Möglichkeit sich beruflich weiterzuentwickeln und Verantwortung für bestimmte Bereiche zu übernehmen.

2.3.1 Vertriebssteuerung

Bei einer Vertriebssteuerung handelt es sich um zukunftsorientierte Handlungen, welche für eine langfristige Entwicklung eines Unternehmens verantwortlich

[69] Vgl. Lohmüller/Greiff (2022), S. 233.

[70] Vgl. ebd. (2022), S. 233.

sind. Das eingesetzte Vertriebsmanagement muss, über alle Aufgabenfelder hinaus, systematisch gesteuert und kontrolliert werden. Es handelt sich hierbei um Steuerungsaufgaben, welche sowohl das Erreichen der strategischen Ziele des Unternehmens als auch die strategischen Vertriebsprojekte und deren Umsetzung überwachen und steuern.[71] Festgelegte strategische Ziele eines Unternehmens werden durch die Vertriebssteuerung in operative Ziele umgewandelt.[72] Zu den zentralen Aufgaben der strategischen Vertriebssteuerung gehören:

- Planung und Steuerung langfristiger Vertriebsaktivitäten
  - Vorbereitung sowie Umsetzung der strategischen Vertriebsplanung
  - Betreuung strategischer Vertriebsprojekte

- Vertriebscontrolling
  - Bestimmung strategischer Steuerungsgrößen
  - Monitoring
  - Zukunftsbezug der einbezogenen Daten[73]

2.3.2 Human Resource Management (HRM)

Das HRM steht im direkten Zusammenhang mit allen Mitarbeitern eines Unternehmens. Früher bestanden die Aufgaben des HRM lediglich aus der Personalverwaltung, dem Erstellen von Lohnabrechnung und der Betreuung des Personals, heutzutage sind die Aufgaben umfangreicher.[74] Aufgrund des immer stärker werdenden Fachkräftemangels ist die strategische Personalentwicklung ein wichtiger Bestandteil des Human Resource Managements geworden. Ziel der strategischen Personalentwicklung ist es, dem Wettbewerb, um die Fach- und Führungskräfte mit den Konkurrenzunternehmen standzuhalten.[75] Ein wesentlicher Bestandteil des Human Resource Managements ist die Rekrutierung von neuem Persona und die langfristige Bindung von Fach- und Führungskräften im Unternehmen. Um das Personal zu binden ist es wichtig, dass sich die Arbeitnehmer wertgeschätzt fühlen und einen Sinn in ihrer Arbeit erkennen. Die Zufriedenheit

---

[71] Vgl. Scheed/Scherer (2019), S. 233.

[72] Vgl. Hellenkamp (2018), Zugriff: 19.11.2022.

[73] Vgl. Scheed/Scherer (2019), S. 2234.

[74] Vgl. Rassek (2022), Zugriff: 24.11.2022.

[75] Vgl. ebd. (2022), Zugriff: 24.11.2022.

der Arbeitnehmer kann durch verschiedene Maßnahmen, wie z. B. Firmenevents, betriebliche Altersvorsorge, flexible Arbeitszeiten, Kinderbetreuung oder Urlaubs- und Weihnachtsgeld gefördert werden.[76]

2.3.2.1 Anpassung des Human Resource Managements (HRM) an die Generation Z

Das HRM muss sich auf die Generation Z vorbereiten und auf die Veränderungen einstellen. Die Generation Z besitzt eine hohe technische Gewandtheit, da sie bereits mit Internet, sozialen Medien, Computern und Handys aufgewachsen ist. Die Möglichkeit zum Einsatz dieser Fertigkeiten wird die Generation Z auch im Arbeitsalltag erwarten.[77] Wie in Abschnitt 2.1.3. Tabelle 3 bereits aufgezeigt, erwartet die Generation Z in ihrem Berufsleben, dass sie sich selbst verwirklichen kann, gebraucht wird, Karriere machen kann, aber auch viel freie Zeit hat.[78] Auch die soziale Verantwortung, definierte Strukturen und ein kreatives und laterales Denken zeichnet diese Generation im Berufsleben aus.

Diese Erwartungen und Eigenschaften der Generation Z müssen bereits in der Stellenbeschreibung beachtet werden, damit es zu einer Bewerbung kommt. In der späteren Betreuung der Mitarbeiter, sowohl durch das HRM als auch durch die Vorgesetzten, müssen diese Punkte auch umgesetzt werden, um die Mitarbeiter langfristig an das Unternehmen zu binden.

2.3.2.2 Instrumente für Personal- und Karriereentwicklungen

Um Talente der Generation Z zu finden und an das Unternehmen zu binden, müssen die Rahmenbedingungen für diese Generation definiert und geschaffen werden. Wie bereits in Abbildung 2.2 aufgezeigt, sind materieller Wohlstand, gebraucht werden, sich selbst verwirklichen, Karriere machen und viel freie Zeit haben nur einige der für die Generation Z wichtigen Faktoren. Bei der Frage, was ein Arbeitgeber bieten muss (siehe Tabelle 2.3) waren Jobsicherheit, gesellschaftliche Verantwortung und finanzielle Stabilität wichtige Kriterien. Eine klare Trennung von Arbeit und Freizeit ist auch eine Erwartung, welche diese Generation hat.[79]

---

[76] Vgl. Rassek (2022), Zugriff: 24.11.2022.

[77] Vgl. Lanier (2017), Zugriff: 25.11.2022.

[78] Vgl. Jager (2021), Zugriff: 25.11.2022.

[79] Vgl. Grünewald (2021), Zugriff: 20.11.2022.

Um das Personal und deren Karriere zu entwickeln und dadurch die Mitarbeiter langfristig ans Unternehmen zu binden, stehen diesem verschiedene Möglichkeiten zur Verfügung. Die Ziele und Inhalte dieser Entwicklungen leiten sich von den Unternehmenszielen ab, wodurch eine enge Bindung zwischen Personal und Unternehmen entsteht.[80] Diese Personal- und Karriereentwicklungen müssen an die jeweiligen Bedürfnisse der einzelnen Generationen angepasst werden. Nachfolgend werden die Themen Personalentwicklung und Lernkultur der Generation Z, Talentmanagement und Karriereentwicklung sowie die verschiedenen Karrieremöglichkeiten genauer betrachtet.

Personalentwicklung und Lernkultur der Generation Z

Das Ziel der Personalentwicklung ist es, das Potenzial der Mitarbeiter gewinnbringend und langfristig im Unternehmen einzusetzen.[81] Ein wichtiger Punkt ist dabei die Lernkultur der neuen Generation. Die Bedürfnisse der Lernenden müssen analysiert und umgesetzt befriedigt werden.

Die Generation Z hat von klein auf aufgrund virtueller Plattformen, bzw. sozialer Netzwerke wie YouTube, Google usw. Zugang zu fast unbegrenztem Wissen. Zumeist finden Recherchen online statt, was durch Smartphones, Tablets usw. orts- und zeitunabhängig geschehen kann.[82]

Lernpräferenzen der Generation Z

Angebot: Die Generation Z akzeptiert, dass das Angebot nicht kontrollierbar ist

Format: Das Lernen kann sowohl persönlich als auch virtuell stattfinden. Multimodales Lernen (Bilder, Sprache, Handeln).

Lehrziele: Lehrziele müssen einem definierten Zweck dienen, wie z. B. der eigenen Entfaltung, den individuellen Zielen und den persönlichen Präferenzen.

Methode: Selbstbestimmtes, praktisches und spielerisches Lernen wird von der Generation Z präferiert.[83]

2.3.2.3 Talentmanagement

Bereits jetzt hat der Fach- und Führungskräftemangel die Unternehmen nachhaltig verändert. Zukünftig wird dieses Thema immer präsenter werden und auf die

---

[80] Vgl. Lohmüller/Greiff (2022), S. 233.

[81] Vgl. ebd. (2022), S. 233.

[82] Vgl. ebd. (2022), S. 233.

[83] Vgl. Lohmüller/Greiff (2022), S. 233.

Unternehmensrealität weiter einwirken.[84] Aufgrund des demografischen Wandels gewinnt ein strategisches Talentmanagement immer mehr an Bedeutung. Nicht nur der Fach- und Führungskräftemangel wird aufgrund des demografischen Wandels verstärkt, sondern es wird auch immer schwieriger, die Bedürfnisse und Werte aller Mitarbeitergenerationen zu erkennen und ihnen gerecht zu werden.[85]

Ziel ist es, leistungsstarke Fach- und Führungskräfte für das Unternehmen zu identifizieren, diese zu entwickeln und langfristig an das Unternehmen zu binden.[86] Eine zielgerichtete Talentmanagementstrategie muss aus der Unternehmensstrategie und den daraus gesteckten gesamtwirtschaftlichen Zielen abgeleitet werden. Schlüsselpositionen können nur dann langfristig besetzt werden, wenn es dem Unternehmen gelingt, das Talentmanagement, als integrierten Geschäftsprozess zu betreiben. Mitarbeiter aus der Generation Babyboomer, welche in Schlüsselpositionen eingesetzt sind, werden in den kommenden Jahren das Ruhestandsalter erreichen und die Unternehmen verlassen. Die Nachfolge dieser Schlüsselpositionen wird durch die Rekrutierung aus geburtenschwächeren Jahrgängen erschwert.[87] Die Nachfolge- und Karriereplanung ist daher ein wichtiger Faktor, welcher bei der Personalplanung und der Identifizierung von Talenten zur Besetzung dieser Schlüsselpositionen berücksichtigt werden muss.

Dies hat Auswirkungen auf die wirtschaftliche Zukunft der Unternehmen.[88] Das Talentmanagement befasst sich ausschließlich mit Zielgruppen, die für den Erfolg des Unternehmens eine große Rolle spielen, aber zumeist schwierig zu gewinnen sind.[89]

Im Allgemeinen versteht man unter einem „Talent" eine Person, die unter besonders günstigen Bedingungen überdurchschnittliche Leistungen erzielen kann. Ebenfalls ist dabei wichtig, dass eine kontinuierliche Entwicklung sowie deren Entfaltung für die Zukunft stattfindet.[90] Werden die Talente eines Mitarbeiters erkannt und richtig eingesetzt, so ergeben sich daraus Mehrwerte für das Unternehmen. Das Potenzial beschreibt die Leistungsfähigkeit einer Person, welche über die aktuelle Tätigkeit hinaus geht.[91] Gerade mal ein Prozent eines Jahrganges gehören zu den Top-Talenten, auf die es jedoch besonders ankommt.

[84] Vgl. Rosenberger/Kreil/Bankl (2021), S. 43.

[85] Vgl. Lohmüller/Greiff (2022), S. 225.

[86] Vgl. Rosenberger/Kreil/Bankl (2021), S. 43–44.

[87] Vgl. Rosenberger/Kreil/Bankl (2021), S. 229.

[88] Vgl. ebd. (2021), S. 43–44.

[89] Vgl. Ebd. (2021), S. 44.

[90] Vgl. Schneider (2021), Zugriff: 19.11.2022.

[91] Vgl. Rosenberger/Kreil/Bankl (2021), S. 44.

Zumeist haben diese Top-Talente eine bessere Ausbildung als andere, jedoch unterscheiden sie sich von ihren Kollegen und Kolleginnen durch ihre Leidenschaft, ihrer Risikobereitschaft, ihrer Innovationsfreude und vor allem durch ihr Engagement. Durch diese Eigenschaften sind sie in der Lage, sich an Firmen und Märkte anzupassen und diese mitzugestalten und zu verändern.[92] Dies hat zur Folge, dass sie zumeist zu einem höheren Gewinn in den Unternehmen beitragen. Die Leistung eines solchen Top-Talents ist bei hochkomplexen Tätigkeiten meist doppelt so hoch wie bei einem durchschnittlichen Angestellten. Umso mehr ist es für Unternehmen wichtig, diese Top-Talente zu identifizieren und an das Unternehmen zu binden. Hierzu haben sich Audits, Assessment-Center oder Tiefeninterviews bewährt.[93] Bei einer Gegenüberstellung des Potenzials und der Performance eines Mitarbeiters lassen sich Talente identifizieren. Wie in Abbildung 2.15 zu sehen ist, lassen sich mittels eines Potenzial-Performance-Portfolio die potenzielle Leistungsfähigkeit und die aktuelle Performance der zu testenden Person darstellen.

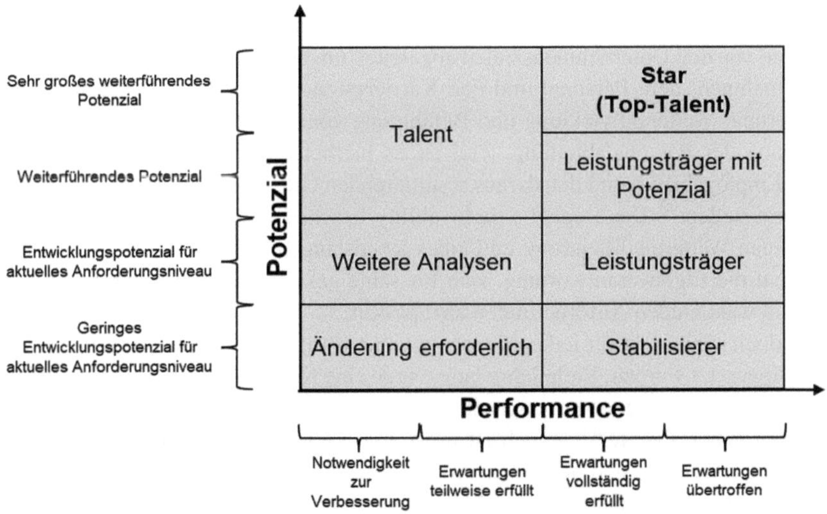

Abbildung 2.15 Potenzial-Performance-Portfolio[94]

[92] Vgl. ebd. (2021), S. 45.

[93] Vgl. Rosenberger/Kreil/Bankl (2021), S. 45.

[94] Vgl. ebd. (2021), S. 46.

Mitarbeiter, die ein hohes Potenzial aufweisen, ihre Performance jedoch noch steigern müssen, werden gem. Abbildung 2.15 als Talent eingestuft. Wenn die erwartete Performance übertroffen wird und ein hohes Potenzial vorhanden ist, so ist die Person als „Star" (Top-Talent) einzustufen.

Bei der Umsetzung eines Talentmanagementprozesses müssen die Führungskräfte eingebunden werden, da dieses Thema zu wichtig ist, um es ausschließlich durch die HR-Abteilung steuern zu lassen. Nicht nur die Mitglieder der Geschäftsabteilung sind hierbei wichtig, sondern auch die Führungskräfte der 2. Ebene.[95]

Karriereentwicklung

Oft wird das Wort „Karriere" als Synonym für einen Aufstieg verwendet, welcher zumeist eine berufliche Weiterentwicklung bzw. das Erreichen einer höheren Position in einem Unternehmen meint.[96] Die Personal- und Karriereentwicklung gehört zu den Aufgaben der Personalabteilung und ist ein wichtiger Bestandteil, um Mitarbeiter an das Unternehmen zu binden. Aufgrund des demografischen Wandels und dem daraus resultierenden Fachkräftemangel wird dies ein immer wichtiger werdender Baustein in der Personalabteilung. Ziele und Inhalte der Personalentwicklung werden von den Unternehmenszielen abgeleitet, um eine enge Verbindung mit dem Unternehmen, dem Personal und den Karrierestrategien zu gewährleisten.[97] Die Förderung, Weiterentwicklung und Befähigung von Mitarbeitern ist eine zentrale Aufgabe der Personalabteilung. Ziel ist es hierbei, deren Beschäftigungsfähigkeit (Employability) und den daraus resultierenden Unternehmenserfolg langfristig sicherzustellen.[98] Der Begriff Employability beschreibt die Notwendigkeit einer ständigen Weiterqualifizierung und eines lebenslangen Lernens. Jeder Arbeitnehmer hat die Eigenverantwortung, sich für seine gesamte Erwerbsbiografie an die ständig wandelnden Anforderungen anzupassen.

Jedoch kann nicht für jeden Mitarbeiter eine Karriere als Führungskraft geplant und umgesetzt werden. Viele Jahre lang wurde eine Karriere als ein Aufstieg in eine gehobene Führungsposition angesehen, welche bis zum Management im Unternehmen gehen konnte.[99] Jedoch ist nicht jede Person für eine Führungsposition geeignet, oder fühlt sich bei diesen Aufgaben wohl. Die Fachkarriere bietet vielen qualifizierten Arbeitnehmern eine Alternative, sich in ihrem Bereich fachspezifisch

---

[95] Vgl. Rosenberger/Kreil/Bankl (2021), S. 53.

[96] Vgl. Lohmüller/Greiff (2022), S. 229.

[97] Vgl. ebd. (2022) S. 229.

[98] Vgl. ebd. (2022), S. 229.

[99] Vgl. Warkentin (2021), Zugriff: 21.11.2022.

weiterzuentwickeln und mit ihrer Arbeit einen wertvollen Beitrag für das Unternehmen zu leisten. Auch die Karrieresonderformen Mosaikkarriere und Projektkarriere können Fachkräften eine zusätzliche Möglichkeit bieten, auch ohne Personalverantwortung im Unternehmen voranzukommen. Wie bereits in der Abbildung 2.2 (Was die Generation Z im Beruf wirklich will) aufgezeigt, ist der Generation Z sich selbst zu verwirklichen, gebraucht zu werden und Karriere zu machen im Berufsleben sehr wichtig. Durch Karrieremöglichkeiten in der Führungsebene, oder als Alternative auf fachlicher Ebene, können diese Bedürfnisse der Generation Z befriedigt werden.

Die Mitarbeiter müssen unterschiedliche Eigenschaften für Fachkarrieren oder Führungskarrieren mitbringen:

Fachkarriere:

- Große Neugier in einem konkreten Fachgebiet
- Detailfokus
- Gemeinsam mit Kollegen Inhalte weiterzudenken
- Der Wunsch in einem speziellen Fach besser zu werden
- Immer auf dem neuesten Stand in einem Fach zu sein
- Kreativität
- Analytisches Denken
- Der Wille, neues zu entdecken[100]

Eine Fachkarriere kann beispielsweise durch gute (bessere) Bezahlung, Entscheidungsfreiräume und Unterstützung durch die Vorgesetzten gefördert werden. Die Kompetenzen des Mitarbeiters werden weiter ausgebaut, ohne dass dieser dabei eine Führungsverantwortung übernimmt. Ein größtmöglicher Teil ihrer Arbeitszeit widmen sich diese Mitarbeiter fachlichen Aufgaben und nicht der Führung von Mitarbeitern, für die sie sich weniger eignen würden.[101]

[100] Vgl. Warkentin (2021), Zugriff: 21.11.2022.

[101] Vgl. Holtbrügge (2017), S. 156.

Managementlaufbahn / Führungskarriere:

- Spaß daran, Strategien zu entwickeln
- Andere Menschen für Strategien zu begeistern
- Potenzial bei anderen (Unterstellten) zu fördern und deren persönliche Entwicklung zu unterstützen
- Der Wunsch nach Führungsverantwortung
- Organisationstalent
- Mitwirken bei der Organisationsentwicklung[102]

Bei einer Führungskarriere handelt es sich um einen vertikalen Aufstieg, der innerhalb der Unternehmenshierarchie stattfindet. Hierbei werden zumeist anspruchsvollere Aufgaben übernommen, sowie die Verantwortung für Personal.[103]

Karriere-Sonderformen
Nicht nur die klassische Führungs- und Fachkarriere bieten Arbeitnehmern durch ihr Wissen und Können die Chance, sich innerhalb eines Unternehmens weiterzuentwickeln. Auch die Sonderformen wie die Projekt- und Mosaikkarriere bieten den Mitarbeitern weitere berufliche Möglichkeiten und Chancen.

Projektkarriere:
Bei der Projektkarriere wird der Mitarbeiter in ein Projekt eingebunden und erhält mit zunehmender Erfahrung innerhalb des Projektes mehr Verantwortung. Er steigt in der Hierarchie, innerhalb des Projektes weiter auf, ohne seine projektbezogene Arbeit aufgeben zu müssen.[104] Diese Karriereform wird durch einen horizontalen und diagonalen Aufstieg geprägt, welcher von der Unternehmenshierarchie entkoppelt ist. Der Rang des Mitarbeiters nimmt innerhalb des Projektes zu.[105]

Diese Karriereart eignet sich besonders für Personen, welche Freude an komplexen Aufgaben haben und abwechslungsreiche Arbeiten präferieren.

Mosaikkarriere
Bei einer Mosaikkarriere handelt es sich um eine Karriereform, die sich an die Lebensphasen des Mitarbeiters anpasst. Hier kann ein Wechsel zwischen Aufgaben

---

[102] Vgl. ebd. (2021), Zugriff: 21.11.2022.
[103] Vgl. Holtbrügge (2017), S. 155.
[104] Vgl. Scherer (2009), Zugriff: 22.11.2022.
[105] Vgl. Holtbrügge (2017), S. 156.

und Funktionen, aber auch zwischen Einsätzen als Führungs- oder Fachkraft stattfinden. Ebenfalls ist ein Wechsel in ein Projekt möglich.[106] Eine solche Karriere kann sowohl auf der vertikalen, horizontalen oder diagonalen Achse stattfinden, und ermöglicht damit auch personellen Handlungsspielraum im Unternehmen.[107] Diese Karriereform bietet sich speziell für Personen an, welche gerne etwas so lange Neues ausprobieren wollen, bis sie etwas Passendes für sich persönlich gefunden haben.[108]

[106] Vgl. CareerBuilder (2016), Zugriff: 22.11.2022.

[107] Vgl. ebd. (2016), Zugriff: 22.11.2022.

[108] Vgl. Mai (2022), Zugriff: 22.11.2022.

Forschungsfrage und Hypothesen 3

Die zentrale Forschungsfrage lautet:

> ***Inwiefern werden die Bedürfnisse der Generation Z und ihre Anforderungen an die Führung innerhalb des Außen- und Innendienstes im deutschen Baumaschinenvertrieb berücksichtigt und in ihrem Arbeitsalltag umgesetzt?***

Folgende Unterfrage soll dabei beantwortet werden:

- Welche Maßnahmen werden bei der Führung der Generation Z durchgeführt, um die Anforderungen und Bedürfnisse dieser Generation zu berücksichtigen?
- Welche Anforderungen und Erwartungen haben die Mitarbeiter der Generation Z im Baumaschinenvertrieb an ihre Führungskräfte?

3.1 Hintergrund der empirischen Untersuchung

Aktuell existieren allgemeine Beschreibungen der Merkmale der Generation Z, welche jedoch weder pauschalisiert werden können noch allgemeingültig auf verschiedene Branchen und deren Vertriebspersonal anwendbar sind.

3.2 Forschungsabsicht

Damit der Baumaschinenvertrieb auch in Zukunft erfolgreich bleibt und ihren Personalbedarf im Vertrieb decken kann, müssen die Bedürfnisse und die Anforderungen der Generation Z an die Arbeitgeber untersucht, ausgewertet und die daraus entstehenden Handlungsempfehlungen umgesetzt werden.

T. Nebgen, *Führen der Generation Z im Vertrieb*,
https://doi.org/10.1007/978-3-658-45418-0_3

3.3 Forschungshypothesen

Die nachfolgend aufgeführten Hypothesen bilden die Grundlage zur Formulierung der Fragen, die mittels eines onlinebasierten Fragebogens an die Zielgruppe gestellt werden. Aus den Ergebnissen der Umfrage kann abgeleitet werden, ob die Hypothesen verifiziert oder falsifiziert werden können. Die Hypothesen basieren auf konkreten Merkmalen, welche die Bedürfnisse herausstellen, die im Arbeitsalltag der Generation Z eine wichtige Rolle spielen.

Wie in Abschnitt 1.1.1 bereits beschrieben, haben die Bauunternehmen auf den Baustellen oft ein sehr straffes Zeitfenster, welche sie einhalten müssen, da ansonsten Konventionalstrafen drohen. Auch der Vertrieb von Baumaschinen unterliegt saisonalen Schwankungen. In starken Saisonzeiten ist es nur bedingt möglich, feste Arbeitszeiten zu gewährleisten. Der Vertriebsmitarbeiter muss in diesen Zeiten oft mehr als gewöhnlich arbeiten, was wiederum seine Work-Life-Balance negativ beeinträchtigt. Auch die in Abschnitt 2.1 beschriebene Selbstverwirklichung, die vermehrt im Privatleben gesucht wird, wird aufgrund der reduzierten Freizeit beeinträchtigt.

Folgende Hypothese lässt sich daraus ableiten:

H1: *Im deutschen Baumaschinenvertrieb können die Bedürfnisse der Generation Z im Außen- und Innendienst berücksichtigt werden.*

Die Führungskräfte der Generation Boomer, X und Y haben andere Erwartungen und Anforderungen an das Berufsleben als die Generation Z. Wie in Abschnitt 2.1.3, Tabelle 2.2 aufgezeigt, hat die „freie Zeit" für die Generation Boomer im Gegensatz zur Generation Z keinen hohen Stellenwert. Auch sich selbst zu verwirklichen, spielt bei der Generation Boomer nur eine untergeordnete Rolle, im Vergleich zur Generation Z. Bei der Betrachtung der Einstellung zur Arbeit der unterschiedlichen Generationen (Tabelle 2.8) werden die Unterschiede schnell ersichtlich. Sieht die Generation Boomer die Arbeit als Herausforderung und als Möglichkeit sich selbst zu finden und die Generation X als reinen Job, der Spaß macht, ist für die Generation Z die Arbeit selbst Spaß, aber auch gleichzeitig unsicher und unklar. Durch diese unterschiedlichen Denkweisen und Einstellungen zur Arbeit, werden die aktuellen Führungskräfte eher nicht bereit sein auf die Bedürfnisse der kommenden Generation Z einzugehen.

Folgende Hypothese lässt sich daraus ableiten:

H2: *Die aktuell eingesetzten Führungskräfte im Baumaschineninnen- und -außendienst sind der Meinung, dass auf die Bedürfnisse der Generation Z eingegangen werden soll.*

Um die Bereitschaft der Generation Z, die Firma zu wechseln, zu verringern, müssen die Unternehmen und die Führungskräfte auf die Bedürfnisse dieser Generation eingehen. Wie in Abschnitt 2.1.3, Tabelle 2.2 aufgezeigt ist, hat auch die Generation Z das Bedürfnis nach einer Karriere. Bedeutete das Wort „Karriere" für vorangegangene Generationen zumeist eine Karriere als Führungskraft, so ist bei der Generation Z eine Karriere sowohl als Führungskraft möglich, als auch eine Fachkarriere, die sogar präferiert werden kann. Je mehr die Bedürfnisse der Generation Z befriedigt und ihre Erwartungen an die Arbeitgeber erfüllt werden, umso geringer ist die Wahrscheinlichkeit, dass ein Wechsel in ein anderes Unternehmen stattfindet.

Folgende Hypothese lässt sich daraus ableiten:

H3: *Wenn Mitarbeiter der Generation Z eine individuelle Karriereplanung innerhalb des Unternehmens geboten bekommen, ist die Bereitschaft im Unternehmen zu verbleiben höher, wenn das Angebot im Unternehmen besser ist als das von Konkurrenzunternehmen.*

Wie in Abschnitt 1.1 beschrieben, hat auch die Generation Z das Bedürfnis für ihre Arbeit angemessen entlohnt zu werden. Die Entlohnung ist jedoch für andere Unternehmen ein leichter austauschbarer Faktor. Die Sorge, einen passenden Arbeitsplatz zu finden, kennt diese Generation nicht. Über verschiedene Karriereplattformen wie LinkedIn, Xing usw. ist es für sie leicht einen neuen Arbeitgeber zu finden. Aufgrund des demografischen Wandels und des Mangels an Fach- und Führungskräften ist diese Generation am Arbeitsmarkt sehr gefragt. Diese Tatsache erleichtert es ihr als vorangegangenen Generationen, den Arbeitgeber aufgrund verbesserter Faktoren, wie beispielsweise ein besseres Entlohnungsmodell, zu wechseln.

Folgende Hypothese lässt sich daraus ableiten:

H4: *Die Generation Z ist wegen ihres Alters und der – damit verbunden – tendenziell höheren Freiheit zur Lebensgestaltung eher bereit aufgrund von attraktiven Entlohnungsmodellen den Arbeitgeber zu wechseln.*

Ähnlich wie bei der Hypothese H4 verhält es sich auch bei Hypothese H5. Wie in Abschnitt 2.2, Abbildung 2.2 aufgezeigt, ist die freie Zeit und die Selbstverwirklichung ein wichtiges Bedürfnis der Generation Z. Unter dem Abschnitt 2.1 ist beschrieben, dass die Selbstverwirklichung dieser Generation überwiegend im Privatleben gesucht wird. Bietet ein anderer Arbeitgeber eine bessere Möglichkeit, das eigene Work-Life-Balance-Modell zu verwirklichen als der aktuelle Arbeitgeber, so sinkt die Hürde, den Arbeitgeber zu wechseln.

Folgende Hypothese lässt sich daraus ableiten:

H5: *Die Generation Z ist wegen ihres Alters und der – damit verbunden – tendenziell höheren Freiheit zur Lebensgestaltung eher bereit aufgrund von attraktiven Work-Life-Balance-Modellen den Arbeitgeber zu wechseln.*

Wie im Abschnitt 2.1.2 beschrieben, gehört es zu den Bedürfnissen der Generation Z einen Sinn in ihrem Aufgabenfeld, sowohl privat als auch beruflich, zu sehen. Durch das Empfinden, einen wertvollen Beitrag im Unternehmen zu leisten, ist das Bedürfnis nach einer sinnstiftenden Tätigkeit befriedigt. Auch wie in der Tabelle 2.5 aufgezeigt, sind der persönliche Erfolg und eine enge Vernetzung zwei wichtige Werte, welche die Generation Z auszeichnet. Die Integration im Unternehmen kann also bei der Generation Z mit einer guten Vernetzung gleichgestellt werden.

Folgende Hypothese lässt sich daraus ableiten:

H6: *Mitarbeiter der Generation Z, die das Gefühl haben, gut im Unternehmen integriert zu sein und einen wertvollen Beitrag zu leisten, zeigen höhere Loyalität zum Unternehmen als Mitarbeiter, die diese Wahrnehmung nicht teilen.*

Wie in Abschnitt 2.3, Abbildung 2.2 zu erkennen ist, sind der materielle Wohlstand und viel freie Zeit zu haben für diese Generation wichtige Faktoren. Daraus lässt sich ableiten, dass Mitarbeiter der Generation Z, welche für ein besseres Gehaltsmodell das Unternehmen wechseln, auch für ein besseres Work-Life-Balance-Modell bereit sind, den Arbeitgeber zu wechseln.

Folgende Hypothese lässt sich daraus ableiten:

H7: *Wenn Mitarbeiter der Generation Z das Unternehmen aufgrund eines besseren Gehaltsmodells wechseln, werden sie auch das Unternehmen für ein besseres Work-Life-Balance-Modell verlassen.*

4 Methodische Konzeption der empirischen Untersuchung

Dieses Kapitel beschäftigt sich mit der quantitativen empirischen Untersuchung der hier vorliegenden wissenschaftlichen Arbeit. Vorgestellt und begründet wird das Ziel der Arbeit, die Forschungsmethode, die Erhebungsinstrumente, die Stichprobengröße sowie die Durchführung der Befragung.

4.1 Methode der Datenerhebung

Für die Erhebung der Daten wird ein primärstatistisches Erhebungsverfahren durchgeführt. Dieses Verfahren lässt sich in experimentelle und in nicht-experimentelle Verfahren unterteilen.[1] Bei einer experimentellen Studie wird die Kausalität (Ursachen-Wirkung-Relation), mit der Zuhilfenahme von Vergleichsgruppen, in einer streng kontrollierten Umgebung überprüft.[2] sich diese Herangehensweise für die vorliegende Studie nicht eignet, wird ein nicht-experimenteller Ansatz gewählt. Wie in Abbildung 4.1 aufgezeigt, wird mittels einer Querschnittstudie eine Stichprobe zu einem bestimmten Zeitpunkt erhoben.[3] Weitere Testungen sind hierbei nicht vorgesehen.

[1] Vgl. Kaya (2009), S. 57.

[2] Vgl. Döring/Bortz (2016), S. 193.

[3] Vgl. ebd. (2016), S. 210.

T. Nebgen, *Führen der Generation Z im Vertrieb*,
https://doi.org/10.1007/978-3-658-45418-0_4

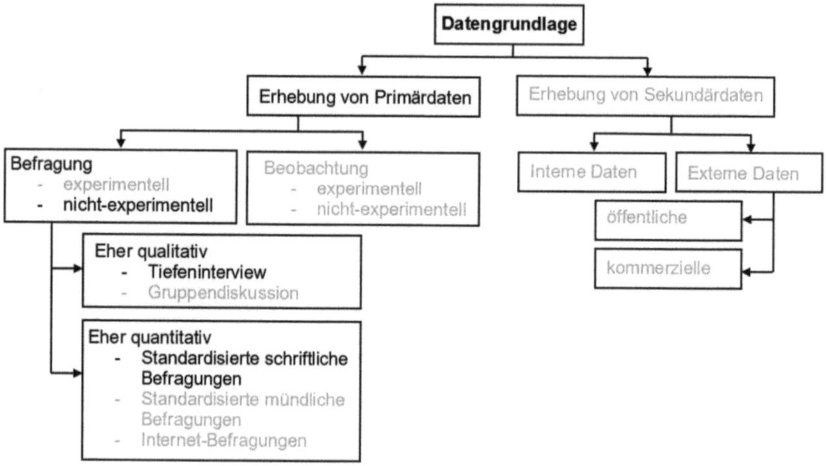

Abbildung 4.1 Durchgeführte Erhebungsmethode.[4]

Die hierzu notwendige Befragung wird mittels eines standardisierten Onlinefragebogens durchgeführt.[5] Die schriftliche Befragung weist eine hohe Datengenauigkeit auf und ist von der Repräsentativitätsstufe gering bis hoch einzustufen.[6]

4.2 Datenerhebung mittels Interviews

Da zum heutigen Zeitpunkt keine sekundärstatistischen Daten vorliegen, wird zur Untersuchung der vorliegenden Forschungsfrage eine primärstatistische Erhebung durchgeführt.

Die Befragungen teilen sich in drei Gruppen auf:

1. Experteninterviews: Geschäftsführer (GF), Human Resource Manager (HRM), Chief Exekutive Officer (COO) und Vertriebsleiter (VL)
2. Führungskräfte im Baumaschinenvertrieb
3. Generation Z

[4] Vgl. Kaya (2009), S. 50–51.

[5] Vgl. Kaya (2009), S. 51.

[6] Vgl. ebd., S. 54.

Die Befragungen finden, mittels eines selbst entwickelten Onlinefragebogens statt.

Folgende Kriterien müssen die Unternehmen, in denen die befragten Personen arbeiten, erfüllen:

- Vertrieb von Großgeräten wie Bagger, Raupen, Grader, Walzen und Bohrgeräten
- Vertrieb von Anbaugeräten für große Baumaschinen wie beispielsweise Tiltrotatoren, Schwenklöffel, Verdichter, Hydraulikhammer usw.
- Vertrieb von Maschinensteuerungen (GNSS, UTS und Laser)
- Niederlassungen in Deutschland

Personen der Generation Z werden losgelöst von diesen Anforderungen befragt, da sie aktuell noch nicht ausreichend in diesen Bereichen vertreten sind und eine Befragung somit nicht aussagekräftig wäre.

Nicht betrachtet werden kleinere Unternehmen, welche lediglich Kleingeräte wie Rüttelplatten, Sägen, Stromerzeuger, Kettensägen usw. vertreiben

Form der Befragungen:

Kommunikationsform:	standardisiert
Kommunikationsart:	schriftlich
Befragungssetting:	Einzelpersonen
Durchführungsform:	internetgestützt[77]

4.2.1 Ethische Erwägungen

Die potenziellen Teilnehmer werden persönlich (E-Mail, Soziale Medien, persönliche Gespräche etc.) über die freiwillige Teilnahme informiert. Ebenfalls wird in dieser Ansprache der Grund der Befragung erläutert.

Bei der Befragung der Generation Z und den Führungskräften aus dem Baumaschinenvertrieb wird darauf hingewiesen, dass diese Umfrage anonymisiert ist. Die Umfrage kann zusätzlich jederzeit durch die Teilnehmer abgebrochen werden. Unvollständige Datensätze, welche durch den Abbruch des Teilnehmers entstanden sind, werden umgehend gelöscht. Das Selbstbestimmungsrecht der Teilnehmer ist somit gewährleistet.

---

[7] Vgl. Raithel (2006), S. 65.

Bei den über SurveyMonkey eigens erstellten Umfragen wird zu jeder Umfrage lediglich ein Zugangscode generiert, den alle Teilnehmer gleichermaßen erhalten. Mit diesem Code können sich die Teilnehmer in die Umfrage einloggen und diese durchführen. Hierdurch ist die Anonymität der befragten Personen gewährleistet, da es keinerlei Rückverfolgungsmöglichkeiten gibt.

Es werden nur Fragen gestellt, welche für die Studie von Relevanz sind und somit dazu beitragen, die gestellten Forschungsfragen zu beantworten.

Alle Teilnehmer werden unabhängig von ihrer Herkunft, ihres Geschlechtes, ihrer Religion oder anderer demografischer Merkmale befragt.

Zusätzlich wurden die Kontaktdaten (E-Mail und Mobilnummer) des Befragers in der Ansprache hinterlegt, damit die befragten Personen die Möglichkeit haben, sich bei Rückfragen persönlich an den Befrager zu wenden.

Die durch die Umfrage gewonnen Daten stehen ausschließlich dem Forscher und dem Prüfer zur Verfügung und unterliegen einer hohen wissenschaftlichen Integrität. Eine Manipulation der Daten durch Dritte kann somit ausgeschlossen werden.

4.2.2 Experteninterviews

Unter Experten werden Personen verstanden, die innerhalb ihres Bereiches über ein überdurchschnittliches Wissen verfügen.[8] Die ausgewählten Experten müssen hierbei nicht zwangsläufig mit einer bestimmten Position oder einem besonderen Stand in Verbindung gebracht werden. Die forschende Person kann den Expertenstatus hinsichtlich ihrer Forschung, geeigneten Personen zusprechen.[9] Das Expertenwissen kann dieses mittels einer gezielten Befragung für die Forschungsarbeit nutzbar gemacht werden.[10]

In dieser Forschungsarbeit werden Personen als Experten eingestuft, welche direkt mit der Thematik beschäftigt sind. Dies sind GF, HRM, COO, CFO und VL im Baumaschinen-, Baumaschinensteuerungs- und Anbaugerätevertrieb.

In der Befragung werden mittels eines Onlinefragebogens mit insgesamt 14 Konstrukten und 49 Items die Personen zu ihrer persönlichen Einschätzung zu folgenden Themen befragt:

[8] Vgl. Lamnek und Krell (2016), S. 316.

[9] Vgl. Walter (1994), S. 271.

[10] Vgl. Gläser/Laudel (2009), S. 11.

- Demografischer Wandel und seine Auswirkung auf die Gewinnung von Fach- und Führungskräften
- Führung der Generation Z im Baumaschinenvertrieb
- Anforderungen und Erwartungen der Generation Z
- Bereits getroffene bzw. geplante Maßnahmen, um auf die Erwartungen und Anforderungen der Generation Z zu reagieren

Da es sich hier um Experteninterviews handelt, ist diese Befragung nicht anonym und die Experten werden namentlich in der Forschungsarbeit genannt.

4.2.3 Interviews mit Personen aus der Generation Z (anonym)

Zum jetzigen Zeitpunkt gibt es noch zu wenig Mitarbeiter der Generation Z im Baumaschinen- Baumaschinensteuerungs- oder Anbaugerätevertrieb, welche an der Befragung teilnehmen könnten. Deswegen wurde eine Befragung der Generation Z auch außerhalb des Baumaschinenvertriebs durchgeführt. Die Angehörigen der Generation Z wurden zu folgenden Themen befragt:

- Was ihnen an einem Arbeitgeber besonders wichtig ist
- Was ihnen beruflich besonders wichtig ist
- Was zu einem Unternehmenswechsel führen könnte (Gehaltsmodell, Work-Life-Balance-Modell, Karriereplanung und Integration in das Unternehmen)

Der Fragebogen wurde über folgende Kanäle verteilt:

- Schulen
- Universitäten
- Berufsschulen
- Soziale Medien

Die Befragten bleiben anonym.

4.2.4 Interview mit Führungskräften (anonym)

In dieser Phase werden Führungskräfte im Baumaschinen-, Baumaschinensteuerungs- oder Anbaugerätevertrieb mittels eines anonymen Onlinefragebogens mit insgesamt 20 Konstrukten und 79 Items zu ihren Erfahrungen und persönlichen Einschätzung zu folgenden Themen befragt:
Aktuelle Position und eigene Generation

- Anforderungen und Erwartungen der Generation Z an das Unternehmen und an sie als Führungskraft
- Qualifizierung zur Führung der Generation Z
- Faktoren, welche zu einem Unternehmenswechsel der Generation Z in ein anderes Unternehmen führen, könnten

4.2.5 Kontaktaufnahme

Bei der Kontaktaufnahme der Interviewpartner wurde folgendermaßen vorgegangen.

- Experten- und Führungskräfteinterviews
  Bei der Auswahl von Experten wurden im ersten Schritt bekannte Personen, die als Experten eingestuft wurden, befragt. Im zweiten Schritt wurden Experten über verschiedene Medien wie LinkedIn und Xing als solche identifiziert und direkt kontaktiert. Alle befragten Experten wurden nach weiteren Empfehlungen aus ihrem Bekanntenkreis gefragt. Die so gewonnen Personen wurden ebenfalls kontaktiert. Zusätzlich wurde auf der Baumesse VDBUM (Verband der Baubranche, Umwelt- und Maschinentechnik e.V. die Kontaktaufnahme zu Vertriebsorganisationen und Führungskräften fokussiert.
- Personen der Generation Z
  Bei der Generation Z wurden Schulen, Berufsschulen und Ausbildungszentren kontaktiert. Zusätzlich wurde der Befragungslink in einen QR-Code umgewandelt und in besagten Instituten ausgehängt.

  Zusätzlich wurden bekannte große Bauunternehmen gebeten, den Link an Mitarbeiter der Generation Z zu verteilen.

Probleme bei den Befragungen:
Aufgrund der Tatsache, dass der Interviewer ebenfalls in dem Bereich Baumaschinen- Baumaschinensteuerungsvertrieb tätig ist, wurde die Befragung von einigen großen Unternehmen als kritisch angesehen. Die Rücklaufquote von Unternehmen und Personen, die nicht persönlich bekannt waren, war sehr mangelhaft.

4.3 Erhebung der Grundgesamtheit

Die hier vorliegende Forschungsarbeit untersucht, inwiefern die Bedürfnisse der Generation Z und ihre Anforderungen an die Führung innerhalb des Außen- und Innendienstes im deutschen Baumaschinenvertrieb berücksichtigt werden und ob diese in ihrem Arbeitsalltag umgesetzt werden. Die Grundgesamtheit entspricht somit der Gesamtheit aller Führungskräfte im Bereich des Vertriebsinnen- und Außendienstes im Baumaschinen-, Baumaschinenanbaugeräte- und Maschinensteuerungsvertrieb in Deutschland. Problematisch hierbei ist jedoch, dass keine Statistik verfügbar ist, aus der die Grundgesamtheit bestimmt bzw. abgeleitet werden kann. Nachfolgend wird das methodische Vorgehen zur Ermittlung der Grundgesamtheit von Baumaschinen-, Baumaschinenanbaugeräte- und Maschinensteuerungshändlern näher erläutert.

4.3.1 Ermittlung der Grundgesamtheit von Baumaschinenhändlern und deren Niederlassungen in Deutschland

Da die Grundgesamtheit keinen offiziellen Statistiken zu entnehmen bzw. abzuleiten ist, wird diese durch eigene Recherchen ermittelt und festgelegt. Als Grundlage dient hierzu die Statistik der zehn größten Maschinenhersteller weltweit aus dem Jahr 2021, und deren Anteil am Gesamtmarkt. Die prozentualen Marktanteile weltweit werden auf den deutschen Markt übertragen und dienen zur weiteren Berechnung der Grundgesamtheit (Abbildung 4.2).

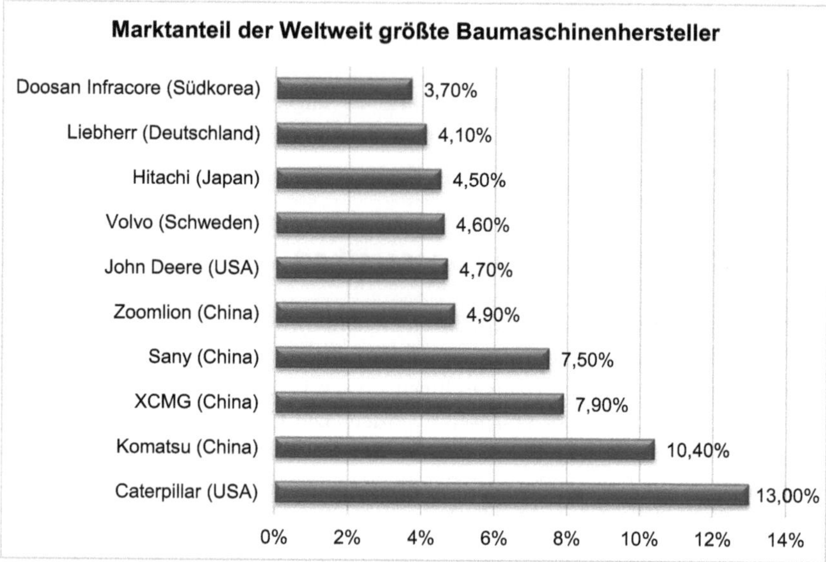

Abbildung 4.2 Größte Baumaschinenhersteller weltweit nach Marktanteilen im Jahr 2021.[11]

Von diesen Herstellern werden die Vertriebsorganisationen und deren Niederlassungen in Deutschland mittels eigener Internetrecherchen ermittelt und dienen zur weiteren Berechnung der Grundgesamtheit.

Wie in Abbildung 4.1 aufgezeigt, haben die 10 größten Baumaschinenhersteller 65,3 Prozent am weltweiten Marktanteil. Durch intensive Recherchen wurden von jedem Hersteller die Niederlassungen in Deutschland ermittelt und in Tabelle 4.1 aufgelistet. Dies sind in Deutschland 221 Niederlassungen bei einem Marktanteil von 65,3 Prozent. Auf dieser Basis wird die Grundgesamtheit aller Baumaschinenhändler in Deutschland rechnerisch ermittelt.

[11] Vgl. Statista (2022), Zugriff: 22.12.2022.

Tabelle 4.1 Niederlassungen / Händler der zehn größten Baumaschinenhersteller der Welt in Deutschland.[12]

Nr.	Hersteller	Marktanteil weltweit in %	Anzahl der Niederlassungen / Händler in Deutschland
1.	Caterpillar[13]	13,0 %	33
2.	Komatsu[14]	10,4 %	47
3.	XCMG[15]	7,9 %	1
4.	Sany[16]	7,5 %	1
5.	Zoomlion[17]	4,9 %	2
6.	John Deere[18]	4,7 %	9
7.	Volvo (Schweden)[19]	4,6 %	65
8.	Hitachi (Japan)[20]	4,5 %	7
9.	Liebherr[21]	4,1 %	17
10.	Doosan Infracore (Südkorea)[22]	3,7 %	39
	Gesamt:	**65,3 %**	**221**

In Tabelle 4.2 wird die Berechnung der Grundgesamtheit aller Baumaschinenhändler in Deutschland auf Basis der zehn größten Baumaschinenhändler weltweit errechnet.

[12] Eigene Darstellung.

[13] Vgl. Zeppelin (2022), Zugriff: 11.12.2022.

[14] Vgl. Komatsu (2022), Zugriff: 11.12.2022.

[15] Vgl. XCMG (2021), Zugriff: 11.12.2022.

[16] Vgl. Sany (2022), Zugriff: 11.12.2022.

[17] Vgl. Google (2022), Zugriff: 11.12.2022.

[18] Vgl. JOHN DEERE (2022), Zugriff: 11.12.2022.

[19] Vgl. VOLVO (2022), Zugriff: 11.12.2022.

[20] Vgl. Hitachi (2022), Zugriff: 11.12.2022.

[21] Vgl. LIEBHERR (o. A.), Zugriff: 11.12.2022.

[22] Vgl. Doosan (o. A.), Zugriff: 22.12.2022.

Tabelle 4.2 Grundgesamtheit aller Baumaschinenniederlassungen in Deutschland. (Eigene Darstellung)

Grundgesamtheit	Marktanteil in Prozent (%)	Niederlassungen
Zehn größten Baumaschinenhersteller weltweit	65,3 %	221
Restlicher Marktanteil	34,7 %	117
Grundgesamtheit aller Maschinenhersteller Niederlassungen in Deutschland	100,0 %	**338**

4.3.2 Ermittlung der Grundgesamtheit der Händler von Baumaschinenanbaugeräten (Tiltrotatoren) und deren Niederlassungen in Deutschland

Bei der Recherche nach Vertriebsniederlassungen von Baumaschinenanbaugeräte-Herstellern wurde festgestellt, dass die Tiltrotatoren direkt über Baumaschinenhändler, vertrieben werden. Eine zusätzliche Aufnahme der Vertriebsniederlassungen entfällt somit.

4.3.3 Ermittlung der Grundgesamtheit der Baumaschinensteuerungshändler (UTS, GNSS und Laser) und deren Niederlassungen in Deutschland

Um die Hersteller von Baumaschinensteuerungen zu ermitteln, wurde mittels eines Experteninterviews eine Liste mit allen in Deutschland relevanten Herstellern aufgestellt. Mittels intensiver Internetrecherchen wurde die Anzahl der Vertriebsniederlassungen der Hersteller bzw. Lieferanten bestimmt. Diese werden in die Grundgesamtheit einbezogen (Tabelle 4.3).

Es wird davon ausgegangen, dass jede Niederlassung, sowohl von Baumaschinenhändlern als auch von Maschinensteuerungshändlern ein eigenständiges Vertriebsteam hat und jeweils ein direkter Vorgesetzter (Führungskraft) eingesetzt ist. Der Einsatz von übergeordneten Regionalleitern fällt ganz unterschiedlich aus. Eine genaue Bestimmung ist hier nicht möglich und kann auch im weiteren Vorgehen nicht weiter berücksichtigt werden.

Tabelle 4.3 Grundgesamtheit aller Baumaschinensteuerungshändler in Deutschland. Eigen Darstellung

Nr.	Hersteller	Anzahl der Niederlassungen / Händler in Deutschland
1.	SITECH (Trimble)[23]	7
2.	Leica Geosystems[24]	7
3.	TOPCON[25]	6
4.	MOBA[26]	5
5.	MTS Schwabenpower[27]	5
6.	UNICONTROL[28]	6
7.	IDig[29]	1
	Gesamt:	**37**

Grundgesamtheit
Die Grundgesamtheit der Niederlassungen von Baumaschinen-, sowie der Maschinensteuerungshändler in Deutschland beträgt (Tabelle 4.4):

Tabelle 4.4 Ermittelte Grundgesamtheit der Niederlassungen von Baumaschinen- und Maschinensteuerungshändler in Deutschland. (Eigene Darstellung)

Relevante Händler	
Baumaschinenhändler	338
Maschinensteuerungshändler	37
Grundgesamtheit:	**375**

Ermittlung der Stichprobengröße
Zur Ermittlung der Stichprobengröße wurde ein Stichprobenrechner herangezogen. Folgende Werte wurden hierfür eingesetzt (Tabelle 4.5):

[23] Vgl. SITECH (2022), Zugriff: 23.12.2022.
[24] Vgl. Leica Geosystems (2022), Zugriff: 23.12.2022.
[25] Vgl. TOPCON (2022), Zugriff: 23.12.2022.
[26] Vgl. MOBA (2022), Zugriff: 23.12.2022.
[27] Vgl. MTS (2022), 23.12.2022.
[28] Vgl. Unicontrol (2022), Zugriff: 23.12.2022.
[29] Vgl. iDig (2020), Zugriff: 23.12.2022.

Tabelle 4.5 Bestimmung der benötigten Stichprobengröße für die Umfrage mit den Führungskräften. (Eigene Darstellung)

Stichprobengröße Ermittlung	
Populationsgröße	375
Konfidenzniveau	95
Fehlerspanne	+/−5
Berechnung der Stichprobengröße[30]	180

4.3.4 Ermittlung der Grundgesamtheit der Generation Z in Deutschland

Aufgrund der Tatsache, dass es keine offizielle Eingrenzung der Geburtsjahrgänge der Generationen gibt, können bei der Ermittlung der Grundgesamtheit Abweichungen zu den im Vorfeld genannten Geburtsjahrgängen der Generation Z entstehen. Diese werden jedoch wegen der geringen Abweichungen zur Ermittlung der Stichprobengröße ausgeblendet.

Wie in Abbildung 4.3 zu sehen ist, ist die Generation Z mit 13,9 % in der deutschen Bevölkerung vertreten.[31]

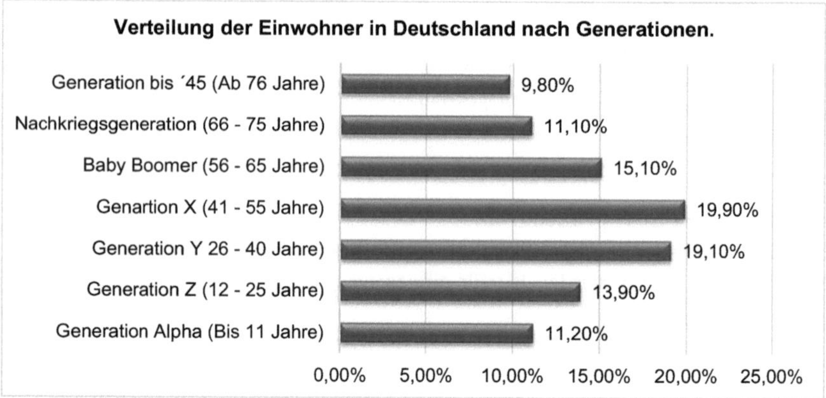

Abbildung 4.3 Verteilung der Einwohner in Deutschland nach Generationen. Stand: 31. Dezember 2021

[30] SurveyMonkey (2022), Zugriff: 26.12.2022.

[31] Vgl. STATISTA (2021), Zugriff: 22.01.2023.

Die Gesamtpopulation der Generation Z setzt sich folgendermaßen zusammen (Tabelle 4.6):

Tabelle 4.6 Zusammensetzung der Population der Generation Z. (Eigene Darstellung)[32]

Generation Z	In Mio.
Mädchen und Frauen	5,78
Jungen und Männer	6,25
Grundgesamtheit:	**12,03**

Ermittlung der Stichprobengröße

Zur Ermittlung der Stichprobengröße wurde der Stichprobenrechner des eingesetzten Onlineumfragetools SurveyMonkey herangezogen. Folgende Werte wurden hierfür eingesetzt (Tabelle 4.7):

Tabelle 4.7 Bestimmung der Stichprobengröße der Generation Z. (Eigene Darstellung)

Stichprobengröße Ermittlung	
Populationsgröße	12,03 Mio.
Konfidenzniveau	95
Fehlerspanne	+/−5
Berechnung der Stichprobengröße[33]	330

Zeitliche Dimension

Da es sich bei der Befragung um eine Querschnittstudie handelt, wurde die Erhebung der Daten in einer vordefinierten Zeitspanne durchgeführt.[34] Das Ziel dieser Forschungsarbeit ist es, zu analysieren, ob die Führung die Anforderungen und Erwartungen der Generation Z im Außen- und Innendienst im deutschen Baumaschinenvertrieb erfüllt. Angesichts dessen wurde eine nicht-experimentelle Erhebung in Form eines Querschnittdesigns über einen Erhebungszeitraum von sechs Wochen geplant.

[32] Vgl. STATISTA (2022), Zugriff 22.01.2023.

[33] SurveyMonkey (2022), Zugriff: 26.12.2022.

[34] Vgl. Raithel (2006), S. 48.

Reaktive vs. nicht-reaktive Erhebungsmethoden

Bei nicht-reaktiven Erhebungsmethoden handelt es sich um die Auswertung bereits bestehender Daten, wie amtliche Dokumente, Protokolle, Tagebücher etc., welche. Das zu untersuchende Verhalten der Probanden geschieht unaufgefordert und für die Probanden unbewusst.[35]

Aufgrund der vorhandenen Daten werden Interpretationen abgeleitet.[36] Bei der reaktiven Erhebungsmethode handelt es sich um die Daten, welche von den Probanden produziert werden. Zu den klassischen reaktiven Erhebungsmethoden gehören Tests und Fragebögen.[37] In dieser Forschungsarbeit kommt die reaktive Erhebungsmethode zum Einsatz, da die benötigten Daten mittels Onlinefragebögen eigenständig produziert werden.

Transparente vs. Intransparente Erhebungsmethode

Im Falle eines intransparenten Verfahrens werden die Probanden nicht über den Zweck und die Bedeutung des Verfahrens in Kenntnis gesetzt. Dies bietet den Vorteil, dass die Probanden aufgrund ihrer Unwissenheit über die zu liefernden Daten, sowie deren Bedeutung die Ergebnisse nicht verfälschen können, indem sie einen bestimmten Eindruck vermitteln möchten.

Bei einem transparenten Erhebungsverfahren kennen die Probanden den Zweck der Informationen, welche sie bereitstellen. Dies kann zu Verfälschungen der Daten führen, da die Probanden die Möglichkeit haben, sich gezielt auf den Test vorzubereiten und die Ergebnisse zu ihren eigenen Gunsten zu beeinflussen.[38]

In dem hier angewendeten Verfahren handelt es sich um eine transparente Vorgehensweise. Die Probanden werden über den Zweck der Befragung in Kenntnis gesetzt. Aus Sicht des Autors erscheint in diesem Fall die Gefahr einer Verfälschung bei einer transparenten Methode sehr gering, da die Probanden anonym befragt werden und es keinerlei Grund für die Probanden gibt, sich besser darzustellen und dadurch die Ergebnisse zu verfälschen.

[35] Vgl. Klaiber (2018), S. 109.

[36] Vgl. ebd. (2018), S. 109.

[37] Vgl. Eid/Gollwitzer/Schmitt (2013), S. 53.

[38] Vgl. ebd. (2013), S. 54.

4.3.5 Gütekriterien

Sowohl bei der Datenerhebung als auch bei der Auswertung der Daten gibt es Gütekriterien, die es einzuhalten gilt. Mit der Einhaltung der Gütekriterien wird sichergestellt, dass die Daten möglichst fehlerfrei erhoben werden und die erzeugten Resultate entsprechend interpretiert werden können.[39] Jedoch ist dies nicht immer im vollen Umfang möglich. Nicht nur Ausprägungen eines Merkmales werden durch die Messwerte angegeben, sondern auch Messfehler sind darin enthalten.[40] Unterschieden wird hierbei zwischen Gütekriterien für Messinstrumente (Zuverlässigkeit / Gültigkeit), und Gütekriterien für das Forschungsdesign selbst (Generalisierbarkeit / Eindeutigkeit der erzeugten Ergebnisse).

Unterschieden werden die Gütekriterien in Haupt- und Nebengütekriterien.

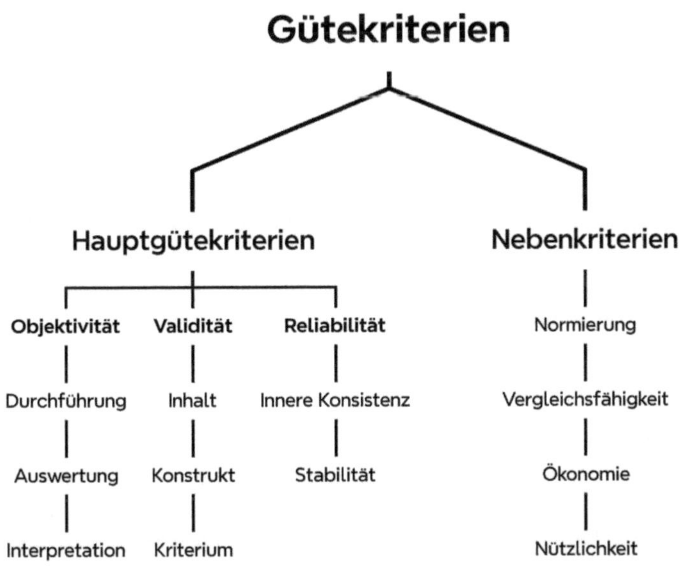

Abbildung 4.4 Haupt- und Nebengütekriterien[41]

[39] Vgl. Krebs/Menold (2022), S. 549.

[40] Vgl. Raithel (2006), S. 42.

[41] In Anlehnung an Bühner (2004), S. 35.

Objektivität

Die Objektivität gibt den Grad an, inwieweit die Ergebnisse intersubjektiv sind. Die Messung ist somit unabhängig von den Personen, welche das Messinstrument einsetzten.[42] Eine vollständige Objektivität liegt dann vor, wenn zwei voneinander unabhängige Personen mit dem gleichen Messinstrument übereinstimmende Ergebnisse erzielen. Wie in Abbildung 4.4 aufgezeigt, wird die Objektivität in Durchführungs-, Auswertungs- und die Interpretationsobjektivität untergliedert.[43]

1. **Durchführungsobjektivität**
   Die Probanden wurden ausschließlich mit einen standardisierten Onlinefragebogen befragt. Somit war die Befragung unabhängig vom Untersuchungsleiter, da hier keinerlei persönlicher Kontakt entstanden ist. Der Testanwender hatte somit keinerlei persönlichen Spielraum bei der Befragung der Probanden. Die Probanden hatten somit alle die gleichen Rahmenbedingungen, wodurch die Durchführungsobjektivität als hoch einzustufen ist.[44]
2. **Auswertungsobjektivität**
   Die Auswertungsobjektivität ist aufgrund der Itemformulierungen als „hoch" zu bewerten. Die Beantwortung der Items sowie die Antwortbewertung sind eindeutig vorgeschrieben.[45]
3. **Interpretationsobjektivität**
   Die Fragen wurden mittels einer ausführlichen Literaturrecherche, durch Experteninterviews und von eigenen Überlegungen abgeleitet. Die Ergebnisse lassen sich aufgrund der Fragestellung eindeutig interpretieren. Einige Fragen lassen sich mit Vergleichswerten aus der Literaturrecherche abgleichen.[46] Somit wird die Interpretationsobjektivität als hoch eingestuft.[47]

Reliabilität

Die Reliabilität gibt an, mit welchem Genauigkeitsgrad ein Test, definierte Merkmale, misst.[48] Wiederholte Messungen mit dem gleichen Messinstrument werden als zuverlässig bezeichnet, wenn jedes Mal die gleichen Werte erzeugt werden.

---

[42] Vgl. Raithel (2006), S. 42.

[43] In Anlehnung Bühner (2004), S. 35.

[44] Vgl. ebd. (2006), S. 195.

[45] Vgl. ebd. (2006), S. 195.

[46] Vgl. ebd. (2006), S. 195.

[47] Vgl. Raithel (2006), S. 43.

[48] Vgl. Bühner (2004), S. 36.

Der Grad der Reproduzierbarkeit wird durch einen Korrelationskoeffizienten ausgedrückt.[49] Unterschieden werden hierbei die innere Konsistenz und die Stabilität der Reliabilität.

Validität

Die Validität (Gültigkeit) gibt an, inwieweit ein eingesetztes Messinstrument auch das misst, was es wirklich messen soll.[50] In der quantitativen Sozialforschung werden standardisierte Fragebögen als Messinstrument eingesetzt, um Informationen durch befragte Personen zu erhalten.[51] Neben demografischen Angaben wie Geschlecht, Alter, Bildung etc. werden auch Einstellungen zu allgemeinen Themen abgefragt.[52]

Inhaltsvalidität

Bei der Inhaltsvalidität sollen nach Möglichkeit alle Aspekte der Dimensionen berücksichtigt werden, die gemessen werden sollen. Durch die richtige Auswahl der Items wird der Grad der zu messenden Eigenschaften dargestellt. Für eine Beurteilung der Inhaltsvalidität existiert keine objektiven Kriterien.[53]

Konstruktvalidität

Konstruktvalidität ist vorhanden, wenn aus einem Konstrukt empirisch überprüfbare Aussagen über Zusammenhänge mit anderen Konstrukten theoretisch abgeleitet werden können. Diese Zusammenhänge müssen empirisch nachweisbar sein.[54]

---

[49] Vgl. Raithel (2006), S. 43.

[50] Vgl. ebd. (2006), S. 45.

[51] Vgl. Krebs/Menold (2022), S. 550.

[52] Vgl. Rammstedt et al. (2014), S. 7.

[53] Vgl. Raitel (2006), S. 46.

[54] Vgl. ebd. (2006), S. 46.

Auswertung der gewonnenen Daten 5

Im ersten Schritt werden die Ergebnisse der durchgeführten Umfragen in einer deskriptiven Statistik zusammengestellt. Hierzu werden die gewonnenen Daten aus der verwendeten Umfragesoftware extrahiert und übersichtlich dargestellt und erläutert. Im Anschluss daran werden auf Grundlage der gewonnenen Daten die aufgestellten Hypothesen überprüft.

5.1 Umfrage I – Generation Z: Anforderungen und Erwartungen an die Arbeitgeber

In dieser Umfrage konnten insgesamt 215 Probanden aus der Generation Z zur Teilnahme gewonnen werden. Die Teilnehmer wurden über Schulen, Berufsschulen, Soziale Medien und von Mitarbeitern von Firmen angesprochen und zur Teilnahme animiert. Die Befragung fand mittels eines Online-Umfragetools (SurveyMonkey) statt und wurde über einen anonymisierten Link an die Teilnehmer verteilt.

Bei der Befragung der Generation Z sind insgesamt 215 Fragebögen vollständig ausgefüllt worden und können für die Auswertung herangezogen werden.

Nachfolgend werden die gewonnenen Daten grafisch dargestellt und erläutert (Tabelle 5.1).

Ergänzende Information Die elektronische Version dieses Kapitels enthält Zusatzmaterial, auf das über folgenden Link zugegriffen werden kann https://doi.org/10.1007/978-3-658-45418-0_5.

T. Nebgen, *Führen der Generation Z im Vertrieb*,
https://doi.org/10.1007/978-3-658-45418-0_5

Tabelle 5.1 Erkenntnisse der Umfrage: Generation Z – Anforderungen und Erwartungen an die Arbeitgeber. (Eigene Darstellung)

Erkenntnisse:	
Beantwortungen insgesamt	N = 215
Abschlussquote	96 %
Durchschnittlicher Zeitaufwand	2 min:46 s
Konfidenzniveau	95
Fehlerspanne	+/−7[1]

F01-GenZ: „Gehören Sie der Generation Z (Geburtsjahr 1995–2012) an?" (Abbildung 5.1) (Tabelle 5.2)

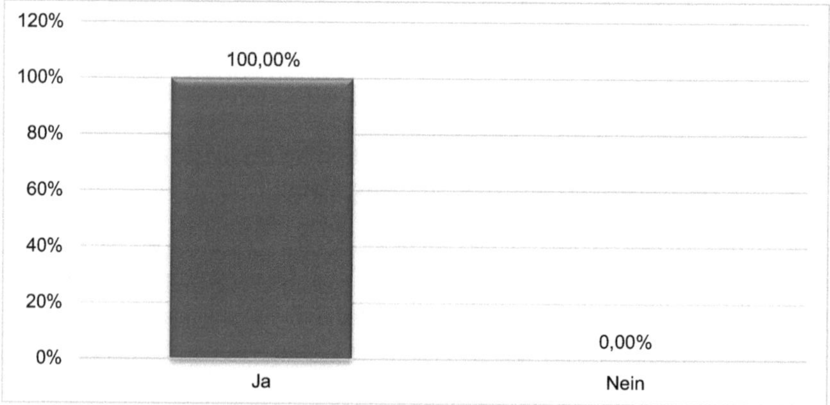

Abbildung 5.1 Ergebnisse F01-GenZ: Zugehörigkeit zur Generation Z

Tabelle 5.2 Ergebnisse F01-GenZ: Deskriptive Verteilung der Ergebnisse

Antwortoptionen	Beantwortungen	
Ja	100,00 %	n = 214
Nein	0,00 %	n = 0
	Antworten	**n = 214**

[1] Vgl. SurveyMonkey (2023), Zugriff: 01.04.2023.

In Frage 1 wurde überprüft, ob die befragten Personen der Generation Z, oder einer anderen Generation angehören. Alle 214 befragten Personen gaben an, dass sie der Generation Z angehören, und sind somit für die nachfolgende Befragung geeignet.

F02-GenZ: „Bitte geben Sie Ihr Geschlecht an.“ (Abbildung 5.2) (Tabelle 5.3).

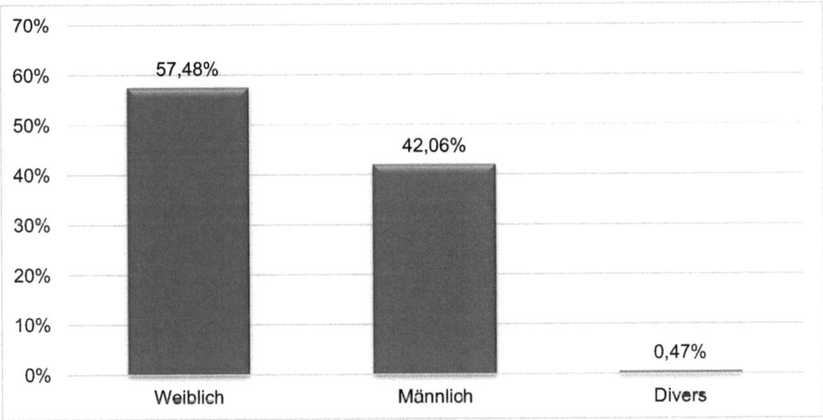

Abbildung 5.2 Ergebnisse F02-GenZ: Angabe zum Geschlecht

Tabelle 5.3 Ergebnisse F02-GenZ: Deskriptive Verteilung der Ergebnisse

Antwortoptionen	Beantwortungen	
Weiblich	57,48 %	n = 123
Männlich	42,06 %	n = 90
Divers	0,47 %	n = 1
	Antworten	**n = 214**

In der zweiten Frage wurde nach dem Geschlecht der befragten Personen befragt. Die befragten Personen der Generation Z waren zu 57,48 Prozent weiblich, zu 42,06 Prozent männlich und 0,47 Prozent gaben ein diverses Geschlecht an.

F03-GenZ: „Was ist Ihr höchster Schul- oder Hochschulabschluss?" (Abbildung 5.3)

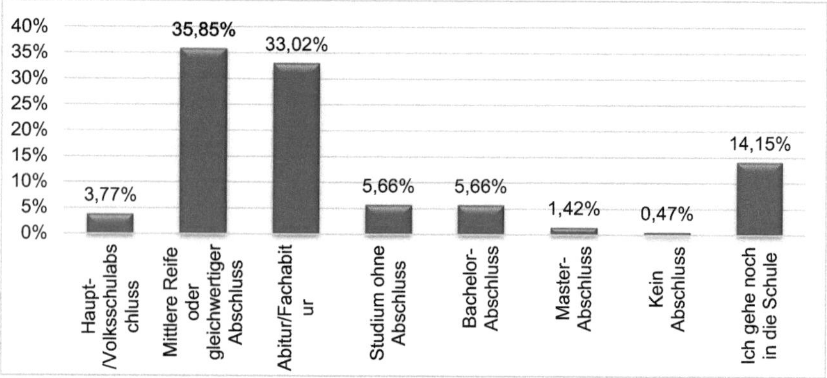

Abbildung 5.3 Ergebnisse F03-GenZ: Angabe zum höchsten Schulabschluss

In der dritten Frage wurde nach dem höchsten Bildungsabschluss gefragt. Mit 35,85 Prozent wurde die Mittlere Reife oder ein gleichwertiger Abschluss genannt, mit 33,02 Prozent das Abitur/Fachabitur und 14,15 Prozent gaben an, noch zur Schule zu gehen. 5,66 Prozent gaben an, ein Studium ohne Abschluss zu haben und ebenfalls mit 5,66 Prozent wurde ein Bachelorabschluss genannt. Bei 3,77 Prozent ist der Haupt- /Volksschulabschluss der höchste Bildungsabschluss. Lediglich 1,42 Prozent haben einen Masterabschluss und 0,47 Prozent gaben an, keinen Abschluss zu haben (Tabelle 5.4).

Tabelle 5.4 Ergebnisse F03-GenZ: Deskriptive Verteilung der Ergebnisse

Antwortoptionen	Beantwortungen	
Haupt- /Volksschulabschluss	3,77 %	n = 8
Mittlere Reife oder gleichwertiger Abschluss	35,85 %	n = 76
Abitur/Fachabitur	33,02 %	n = 70
Studium ohne Abschluss	5,66 %	n = 12
Bachelor-Abschluss	5,66 %	n = 12
Master-Abschluss	1,42 %	n = 3
Kein Abschluss	0,47 %	n = 1
Ich gehe noch in die Schule	14,15 %	n = 30
	Antworten	**n = 212**

F04-GenZ: „Was ist Ihnen bei Ihrem Arbeitgeber besonders wichtig? (Abbildung 5.4)

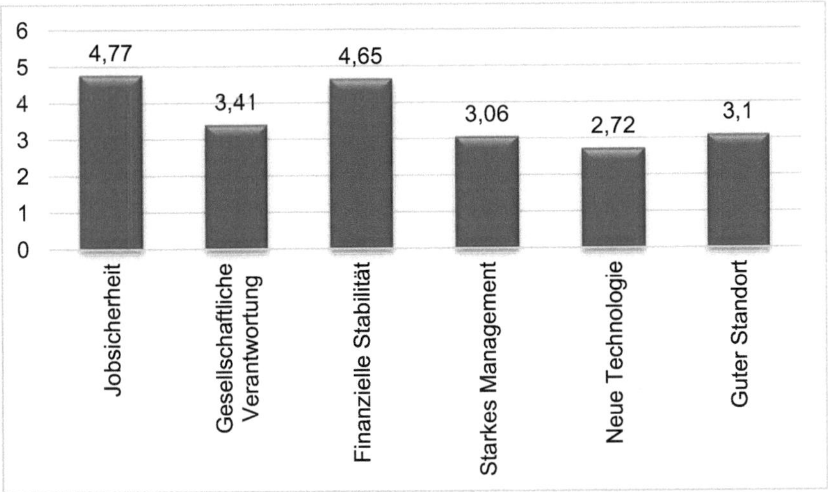

Abbildung 5.4 Ergebnisse F04-GenZ: Deskriptive Verteilung der Ergebnisse

Bei Frage vier wurde geprüft, was der Generation Z am Arbeitgeber besonders wichtig ist. Hierbei sollte ein persönliches Ranking von 1 = Priorität sehr hoch bis 6 = Priorität sehr niedrig erstellt werden. Wenn eine Antwortmöglichkeit nicht relevant ist, so konnten die Probanden dies ebenfalls angeben und aus ihrem persönlichen Ranking entfernen. Mit 38,30 Prozent war den Befragten die Jobsicherheit am wichtigsten. Gefolgt mit 37,31 Prozent war die finanzielle Stabilität ein wichtiges Kriterium. Bei der Betrachtung, welche Antwortmöglichkeiten als nicht relevant eingestuft wurden, ist mit 7,65 Prozent die Gesellschaftliche Verantwortung führend. Neue Technologien (Tabelle 5.5 und 5.6).

Tabelle 5.5 Ergebnisse F05-GenZ: Deskriptive Verteilung der Ergebnisse. Kategorie 1 bis 4

	1		2		3		4	
Jobsicherheit	38,30 %	72	28,72 %	54	16,49 %	31	6,91 %	13
Gesellschaftliche Verantwortung	13,27 %	26	11,22 %	22	19,39 %	38	19,39 %	38
Finanzielle Stabilität	37,31 %	72	30,05 %	58	11,40 %	22	9,84 %	19
Starkes Management	3,96 %	8	9,41 %	19	17,33 %	35	30,69 %	62
Neue Technologie	3,45 %	7	8,37 %	17	15,76 %	32	20,69 %	42
Guter Standort	6,70 %	14	14,35 %	30	22,97 %	48	9,09 %	19

Tabelle 5.6 Ergebnisse F05-GenZ: Deskriptive Verteilung der Ergebnisse. Kategorie 5

	5		Nicht relevant.		Total
Materieller Wohlstand	11,86 %	23	7,22 %	14	n = 194
Gebraucht werden	20,60 %	41	5,03 %	10	n = 199
Sich selbst verwirklichen	6,47 %	13	2,49 %	5	n = 201
Karriere machen	22,06 %	45	5,39 %	11	n = 204
Viel freie Zeit haben	23,81 %	50	3,33 %	7	n = 210

F05-GenZ: „Was ist Ihnen in Ihrem Beruf wirklich wichtig? (Abbildung 5.5)

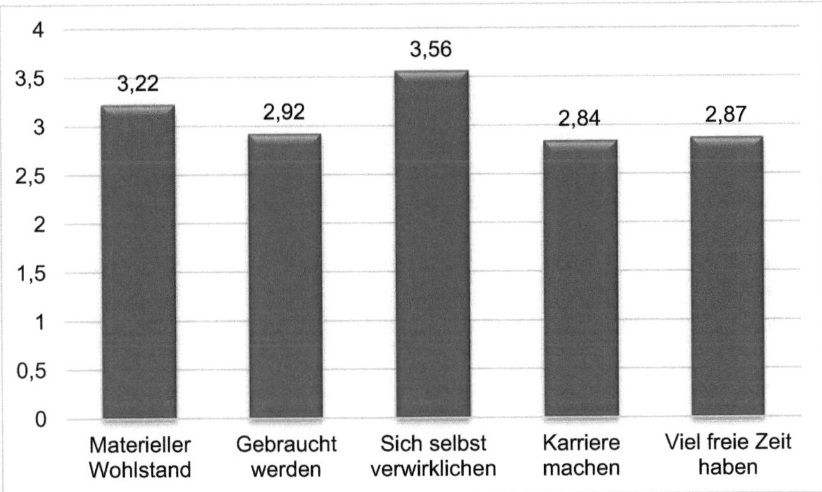

Abbildung 5.5 Ergebnisse F05-GenZ: Was ist der Generation Z in ihrem Beruf wirklich wichtig

Bei Frage Nummer fünf wurde überprüft, was der Generation Z am Beruf wirklich wichtig ist. Wie bei Frage Nummer vier sollten die Probanden ein persönliches Ranking durchführen. An erster Stelle steht mit 35,32 Prozent die Möglichkeit, sich selbst zu verwirklichen. An zweiter Stelle mit 20,10 Prozent steht der materielle Wohlstand und an dritter Stelle mit 16,58 Prozent ist den befragten Personen wichtig, im Beruf gebraucht zu werden. 7,22 Prozent gaben an, dass der materielle Wohlstand nicht relevant sei. 5,39 Prozent haben angegeben, dass es nicht relevant ist, im Beruf Karriere zu machen (Tabelle 5.7 und 5.8).

Tabelle 5.7 Ergebnisse F05-GenZ: Was ist der Generation Z in ihrem Beruf wirklich wichtig. Wertung 1 bis 4

	1		2		3		4	
Materieller Wohlstand	20,10 %	39	22,16 %	43	20,10 %	39	18,56 %	36
Gebraucht werden	16,58 %	33	21,61 %	43	15,08 %	30	21,11 %	42
Sich selbst verwirklichen	35,32 %	71	16,92 %	34	18,91 %	38	19,90 %	40
Karriere machen	15,20 %	31	18,63 %	38	18,63 %	38	20,10 %	41
Viel freie Zeit haben	14,29 %	30	20,48 %	43	24,29 %	51	13,81 %	29

Tabelle 5.8 Ergebnisse F05-GenZ: Was ist der Generation Z in ihrem Beruf wirklich wichtig. Wertung 5

	5		Nicht relevant.		Total
Materieller Wohlstand	11,86 %	23	7,22 %	14	n = 194
Gebraucht werden	20,60 %	41	5,03 %	10	n = 199
Sich selbst verwirklichen	6,47 %	13	2,49 %	5	n = 201
Karriere machen	22,06 %	45	5,39 %	11	n = 204
Viel freie Zeit haben	23,81 %	50	3,33 %	7	n = 210

F06-GenZ: „Wäre ein besseres Gehaltsmodell ein Grund für Sie, den Arbeitgeber zu wechseln?" (Abbildung 5.6)

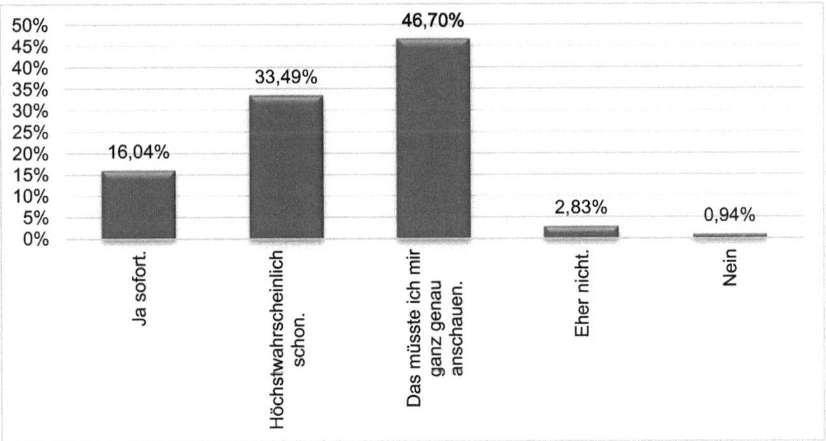

Abbildung 5.6 Ergebnisse F06-GenZ: Würde die Generation Z den Arbeitgeber aufgrund eines besseren Gehaltsmodelles wechseln

In der Frage sechs wurden die Teilnehmer gefragt, ob ein besseres Gehaltsmodell ein Grund sei, den Arbeitgeber zu wechseln. Hierbei gaben 46,70 Prozent der befragten Personen an, sich dies ganz genau zu überlegen. 33,49 Prozent würden höchstwahrscheinlich den Arbeitgeber wechseln und nur 0,94 Prozent gaben an, dass dies für sie kein Grund wäre einen Arbeitgeberwechsel durchzuführen (Tabelle 5.9).

Tabelle 5.9 Ergebnisse F06-GenZ: Deskriptive Verteilung der Ergebnisse

Antwortoptionen	Beantwortungen	
Ja sofort.	16,04 %	n = 34
Höchstwahrscheinlich schon.	33,49 %	n = 71
Das müsste ich mir ganz genau anschauen.	46,70 %	n = 99
Eher nicht.	2,83 %	n = 6
Nein	0,94 %	n = 2
	Antworten	**n = 212**

F07-GenZ: „Wäre ein besseres Work-Life-Balance-Modell ein Grund für Sie, den Arbeitgeber zu wechseln?“ (Abbildung 5.7)

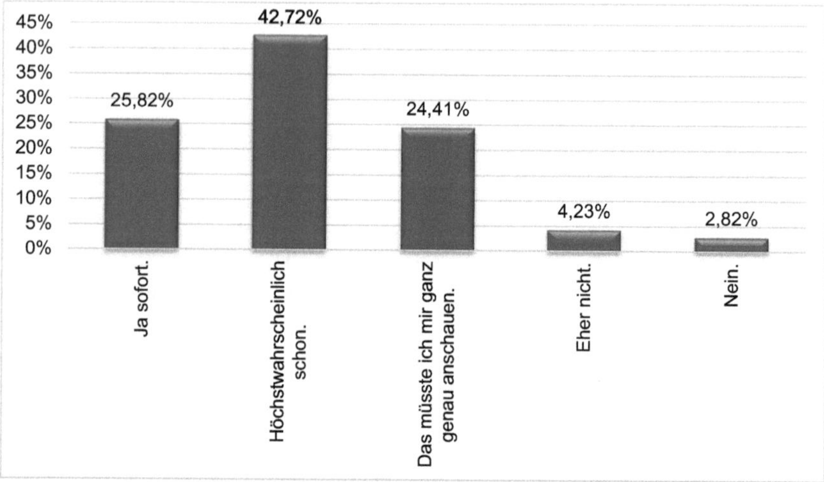

Abbildung 5.7 Ergebnisse F07-GenZ: Wechsel des Arbeitgebers aufgrund eines bessere Work-Life-Balance Modells

Bei Frage Nummer sieben, wurde gefragt, ob die Teilnehmer aufgrund einer besseren Work-Life-Balance bereit wären, den Arbeitgeber zu wechseln.

Bei dieser Frage antworteten 42,72 Prozent, dass sie einen Arbeitgeberwechsel höchstwahrscheinlich vornehmen würden. 25,82 Prozent gaben an, dass sie dies sofort machen würden. Lediglich 2,82 Prozent würden aufgrund eines besseren Work-Life-Balance-Modells nicht den Arbeitgeber wechseln (Tabelle 5.10).

Tabelle 5.10 Ergebnisse F07-GenZ: Deskriptive Verteilung der Ergebnisse

Antwortoptionen	Beantwortungen	
Ja sofort.	25,82 %	n = 55
Höchstwahrscheinlich schon.	42,72 %	n = 91
Das müsste ich mir ganz genau anschauen.	24,41 %	n = 52
Eher nicht.	4,23 %	n = 9
Nein.	2,82 %	n = 6
	Antworten	**n = 213**

F08-GenZ: „Ist Ihnen eine individuelle Karriereplanung wichtig?" Wenn ich keine Aufstiegsmöglichkeiten aufgezeigt bekomme, dann … (Abbildung 5.8)

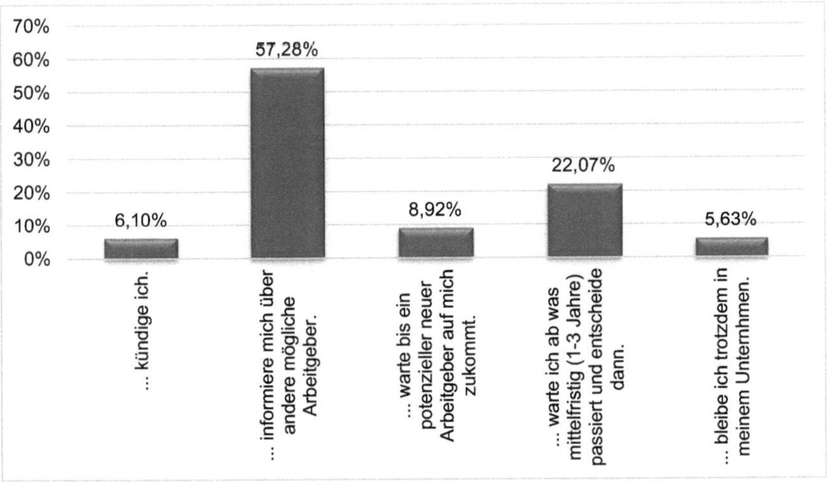

Abbildung 5.8 Ergebnisse F08-GenZ: Wichtigkeit einer individuellen Karriereplanung

In der achten und letzten Frage wurde nach der persönlichen Wichtigkeit einer individuellen Karriereplanung gefragt. Hier haben 57,28 Prozent angegeben, dass sie sich ohne individuelle Karriereplanung über mögliche andere Arbeitgeber informieren würden. 22,07 Prozent gaben an, dass sie abwarten und sich erst nach 1–3 Jahren entscheiden würden. Lediglich für 5,63 Prozent ist eine fehlende individuelle Karriereplanung kein Grund, den Arbeitgeber zu wechseln (Tabelle 5.11).

Tabelle 5.11 Ergebnisse F08-GenZ: Deskriptive Verteilung der Ergebnisse

Antwortmöglichkeiten	Beantwortungen	
... kündige ich.	6,10 %	n = 13
... informiere mich über andere mögliche Arbeitgeber.	57,28 %	n = 122
... warte bis ein potenzieller neuer Arbeitgeber auf mich zukommt.	8,92 %	n = 19
... warte ich ab was mittelfristig (1–3 Jahre) passiert und entscheide dann.	22,07 %	n = 47
... bleibe ich trotzdem in meinem Unternehmen.	5,63 %	n = 12
	Antworten	**n = 213**

5.2 Umfrage II – Führungskräfte: Führen der Generation Z im Baumaschinen- oder Baumaschinensteuerungsvertrieb in Deutschland

Bei der zweiten Umfrage wurden Führungskräfte aus dem Baumaschinen- und Baumaschinensteuerungsvertrieb in Deutschland zum Führen der Generation Z befragt.

Diese Umfrage gestaltete sich sehr schwierig, da die Rücklaufquote von Unternehmen und Einzelpersonen sehr schlecht war. Insgesamt konnten nur 63 Personen aus den genannten Bereichen hierzu befragt werden. Die Teilnehmer wurden über Sociale Medien, direkte Ansprache von Geschäftsführern, HRM und Mitarbeiter von Firmen im oben genannten Bereich angesprochen und zur Teilnahme animiert. Die Befragung fand mittels eines Umfragetools (SurveyMonkey) statt und wurde über einen anonymisierten Link an die Teilnehmer verteilt.

Nachfolgend werden die gewonnenen Daten grafisch dargestellt und erläutert (Tabelle 5.12)

Tabelle 5.12 Erkenntnisse der Umfrage: Führungskräfte – Führen der Generation Z im Baumaschinen- oder Baumaschinensteuerungsvertrieb in Deutschland

Erkenntnisse:	
Beantwortungen insgesamt	N = 63
Abschlussquote	100 %
Durchschnittlicher Zeitaufwand	5 min:13 s
Konfidenzniveau	95
Fehlerspanne	+/−11[2]

F01-FüKr: „Bitte geben Sie Ihr Geschlecht an." (Abbildung 5.9)

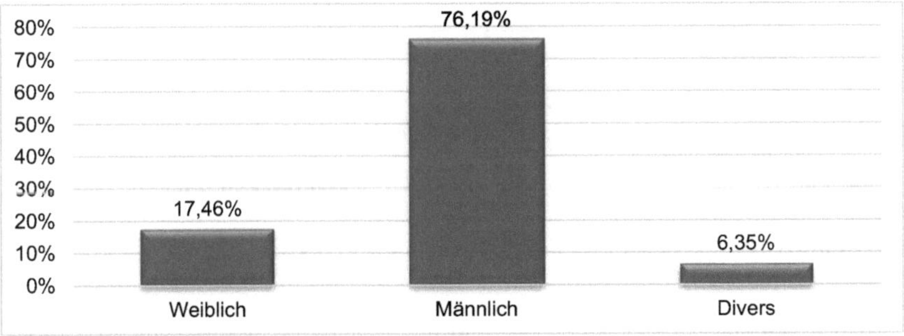

Abbildung 5.9 Ergebnisse F01-FüKr: Angaben zum Geschlecht

In der ersten Frage wurden die Probanden nach ihrem Geschlecht befragt. Die befragten Führungskräfte waren zu 76,19 Prozent männlich, zu 17,46 Prozent weiblich und 6,35 Prozent gaben als Geschlecht divers an (Tabelle 5.13).

[2] Vgl. SurveyMonkey (2023), Zugriff: 01.04.2023.

Tabelle 5.13 Ergebnisse F01-FüKr: Deskriptive Verteilung der Ergebnisse

Antwortmöglichkeiten	Beantwortungen	
Weiblich	17,46 %	n = 11
Männlich	76,19 %	n = 48
Divers	6,35 %	n = 4
	Antworten	**n = 63**

F02-FüKr: „Welcher Generation gehören Sie an?“ (Abbildung 5.10)

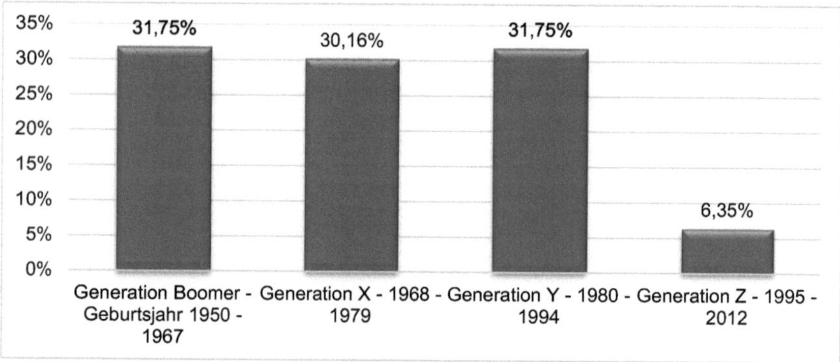

Abbildung 5.10 Ergebnisse F02-FüKr: Generationszugehörigkeit

Wie in Tabelle 5.14 zu sehen ist, sind die Generation Boomer mit 31,75 Prozent, die Generation X mit 30,16 Prozent und die Generation Y 31,75 Prozent relativ gleichmäßig in Führungspositionen vertreten. Die Generation Z ist bis zum heutigen Datum lediglich mit 6,35 Prozent in Führungspositionen vertreten.

Tabelle 5.14 Ergebnisse F02-FüKr: Deskriptive Verteilung der Ergebnisse

Antwortmöglichkeiten	Beantwortungen	
Generation Boomer – Geburtsjahr 1950–1967	31,75 %	n = 20
Generation X – 1968–1979	30,16 %	n = 19
Generation Y – 1980–1994	31,75 %	n = 20
Generation Z – 1995–2012	6,35 %	n = 4
	Antworten	**N = 63**

F03-FüKr: „Was ist Ihr höchster Schul- oder Hochschulabschluss?" (Abbildung 5.11)

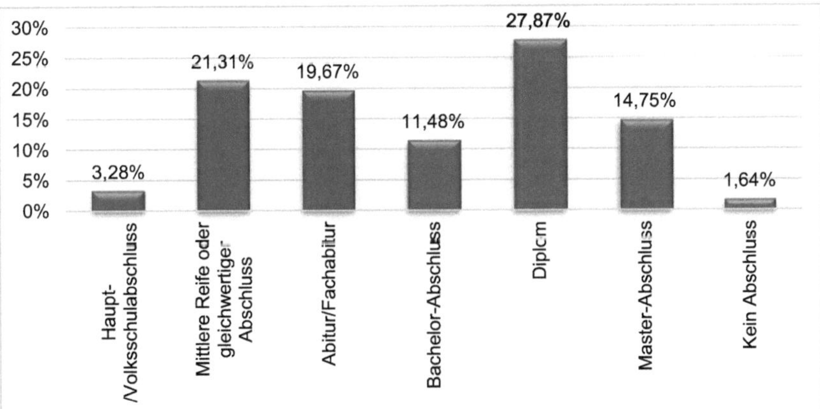

Abbildung 5.11 Ergebnisse F03-FüKr: Angaben zum höchsten Schulabschluss

Insgesamt haben 54,10 Prozent der befragten Führungskräfte ein Studium (Diplom 27,87 Prozent, Bachelor 11,48 Prozent, Master 17,75 Prozent) abgeschlossen. 21,31 Prozent haben die Mittlere Reife oder einen gleichwertigen Abschluss und 19,67 Prozent haben ein abgeschlossenes Abitur/Fachabitur.

Lediglich 3,28 Prozent haben einen Haupt- /Volksschulabschluss und 1,64 Prozent haben keinerlei Schul- oder Hochschulabschluss (Tabelle 5.15).

Tabelle 5.15 Ergebnisse F03-FüKr: Deskriptive Verteilung der Ergebnisse

Antwortmöglichkeiten	Beantwortungen	
Haupt- /Volksschulabschluss	3,28 %	n = 2
Mittlere Reife oder gleichwertiger Abschluss	21,31 %	n = 13
Abitur/Fachabitur	19,67 %	n = 12
Bachelor-Abschluss	11,48 %	n = 7
Diplom	27,87 %	n = 17
Master-Abschluss	14,75 %	n = 9
Kein Abschluss	1,64 %	n = 1
	Antworten	**n = 61**

F04-FüKr: „In welchem Bereich des Baumaschinen- oder Baumaschinensteuerungsvertriebs sind Sie tätig?“ (Abbildung 5.12)

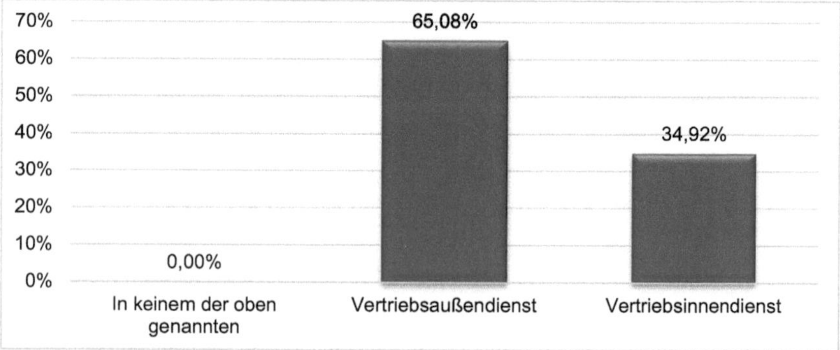

Abbildung 5.12 Ergebnisse F04-FüKr: Zugehörigkeit im Baumaschinen- Baumaschinensteuerungsvertrieb

Von den 63 (n = 63) befragten Führungspersonen sind 65,08 Prozent im Vertriebsinnendienst und 34,92 Prozent befinden sich in einer Führungsposition im Vertriebsaußendienst tätig (Tabelle 5.16).

Tabelle 5.16 Ergebnisse F04-FüKr: Deskriptive Verteilung der Ergebnisse

Antwortmöglichkeiten	Beantwortungen	
In keinem der oben genannten	0,00 %	n = 0
Vertriebsaußendienst	65,08 %	n = 41
Vertriebsinnendienst	34,92 %	n = 22
	Antworten	**n = 63**

F05-FüKr: „Wie lange sind Sie bereits im Baumaschinen- oder Baumaschinensteuerungsvertrieb tätig?“ (Abbildung 5.13)

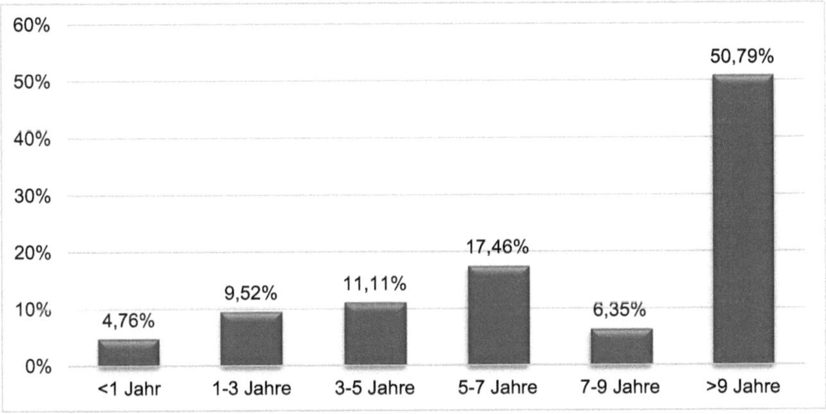

Abbildung 5.13 Ergebnisse F05-FüKr: Anzahl der geleisteten Jahre im Baumaschinen- oder Baumaschinensteuerungsvertrieb

Die Mehrheit der befragten Führungskräfte im Baumaschinen- oder Baumaschinensteuerungsvertrieb ist mit 50,79 Prozent über 9 Jahre in diesen Bereichen tätig, 17,46 Prozent sind 5–7 Jahre und 11,11 Prozent 3–5 Jahre im besagten Vertrieb tätig (Tabelle 5.17).

Tabelle 5.17 Ergebnisse F05-FüKr: Deskriptive Verteilung der Ergebnisse

Antwortmöglichkeiten	Beantwortungen	
<1 Jahr	4,76 %	n = 3
1–3 Jahre	9,52 %	n = 6
3–5 Jahre	11,11 %	n = 7
5–7 Jahre	17,46 %	n = 11
7–9 Jahre	6,35 %	n = 4
>9 Jahre	50,79 %	n = 32
	Antworten	**n = 63**

F06-FüKr: „Wie lange sind Sie bereits in einer Führungsposition?" (Abbildung 5.14)

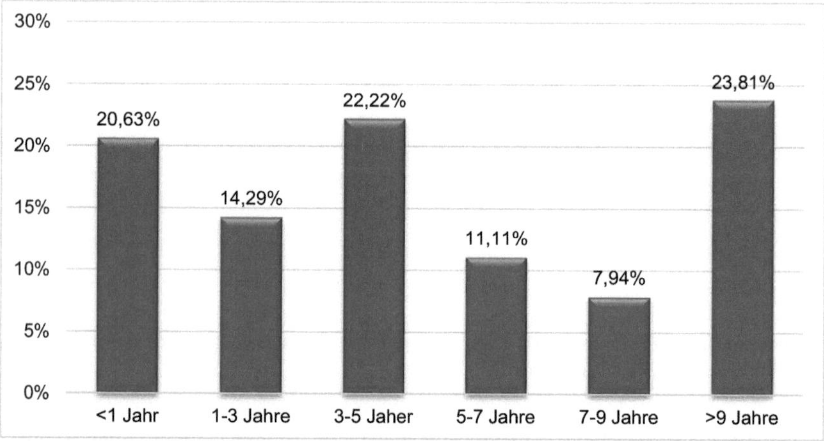

Abbildung 5.14 Ergebnisse F06-FüKr: Einsatzjahre als Führungskraft

Beim Zeitraum, in dem die befragten Personen in einer Führungsposition sind, ist die Verteilung ausgewogener. 23,81 Prozent gaben an, über 9 Jahre in einer Führungsposition zu sein, 22,22 Prozent sind 3–5 Jahre in einer Führungsposition und 20,63 Prozent sind unter einem Jahr in einer solchen Position (Tabelle 5.18).

Tabelle 5.18 Ergebnisse F06-FüKr: Deskriptive Verteilung der Ergebnisse

Antwortmöglichkeiten	Beantwortungen	
<1 Jahr	20,63 %	n = 13
1–3 Jahre	14,29 %	n = 9
3–5 Jahre	22,22 %	n = 14
5–7 Jahre	11,11 %	n = 7
7–9 Jahre	7,94 %	n = 5
>9 Jahre	23,81 %	n = 15
	Antworten	**n = 63**

F07-FüKr: „Wie viele Mitglieder hat Ihr Vertriebsteam?" (Abbildung 5.15)

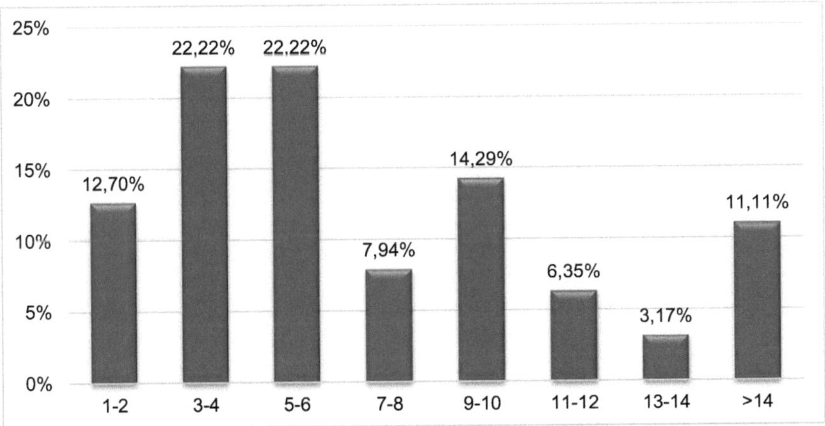

Abbildung 5.15 Ergebnisse F07-FüKr: Anzahl der Teammitglieder im Vertriebsteam

Bei der Frage nach der Größe der unterstellten Personen im Vertriebsteam gaben jeweils 14 Personen mit 22,22 Prozent an, dass sie 3–4 bzw. 5–6 Personen in ihrem Team haben. Lediglich 11,11 Prozent haben mehr als 14 Personen in ihrem Team und 12,70 Prozent haben nur 1–2 ihnen unterstellte Personen (Tabelle 5.19).

Tabelle 5.19 Ergebnisse F07-FüKr: Deskriptive Verteilung der Ergebnisse

Antwortmöglichkeiten	Beantwortungen	
1–2	12,70 %	n = 8
3–4	22,22 %	n = 14
5–6	22,22 %	n = 14
7–8	7,94 %	n = 5
9–10	14,29 %	n = 9
11–12	6,35 %	n = 4
13–14	3,17 %	n = 2
>14	11,11 %	n = 7
	Antworten	**n = 63**

F08-FüKr: „Wie viele Teammitglieder der Generation Z (Geburtsjahr 19952012) haben Sie in ihrem Vertriebsteam?“ (Abbildung 5.16)

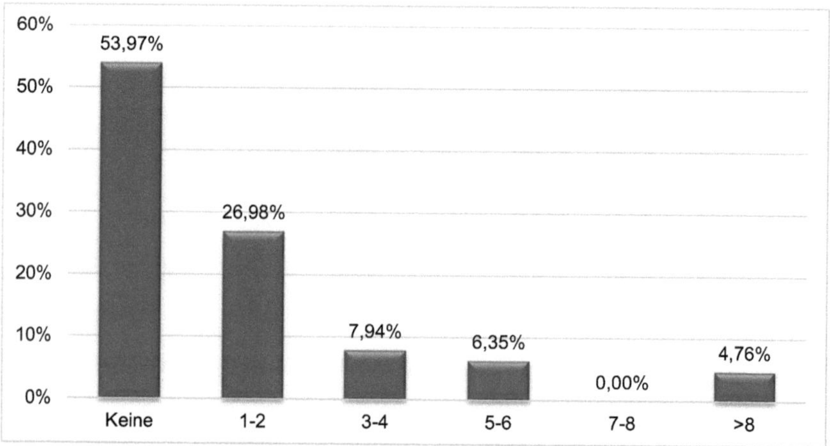

Abbildung 5.16 Ergebnisse F08-FüKr: Anzahl der Teammitglieder aus der Generation Z

Bei der Frage nach Teammitgliedern, welche der Generation Z angehören, gaben 53,97 Prozent an, keine Mitglieder der Generation Z im Team zu haben. 26,98 Prozent beantworteten diese Frage mit 1–2 und 4,76 Prozent gaben an, über 8 Teammitglieder der Generation Z zu führen (Tabelle 5.20).

Tabelle 5.20 Ergebnisse F08-FüKr: Deskriptive Verteilung der Ergebnisse

Antwortmöglichkeiten	Beantwortungen	
Keine	53,97 %	n = 34
1–2	26,98 %	n = 17
3–4	7,94 %	n = 5
5–6	6,35 %	n = 4
7–8	0,00 %	n = 0
>8	4,76 %	n = 3
	Antworten	**n = 63**

F09-FüKr: „Hat die Generation Z (Geburtsjahr 19952012) andere Anforderungen und Erwartungen an ihr Unternehmen als andere Generationen?“ (Abbildung 5.17)

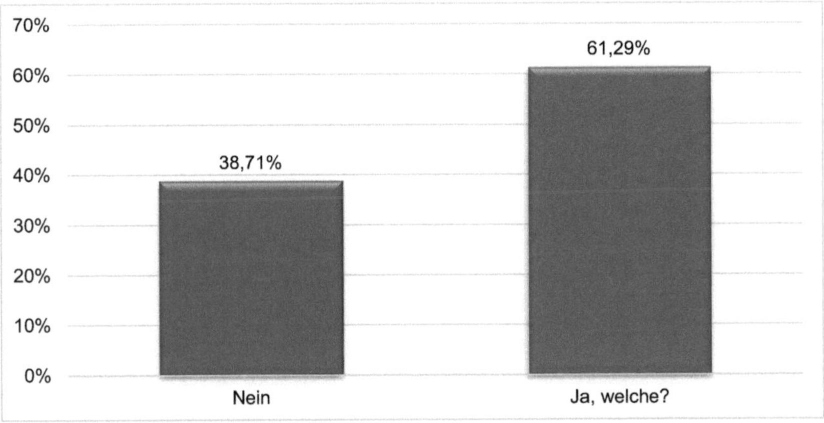

Abbildung 5.17 Ergebnisse F09-FüKr: Einschätzung, ob die Generation Z andere Erwartungen und Anforderungen an die Unternehmen hat

Bei der Frage, ob die Generation Z andere Anforderungen und Erwartungen an die Unternehmen habe, beantworteten dies 61,29 Prozent der Führungskräfte mit Ja und 38,71 Prozent der Führungskräfte sind der Meinung, dass die Generation Z keine anderen Anforderungen und Erwartungen haben als vorangegangene Generationen (Tabelle 5.21).

Tabelle 5.21 Ergebnisse F09-FüKr: Deskriptive Verteilung der Ergebnisse

Antwortmöglichkeiten	Beantwortungen	
Nein	38,71 %	n = 24
Ja, welche?	61,29 %	n = 38
	Antworten	**n = 62**

Bei der freien Antwortmöglichkeit auf die Frage, ob die Generation Z andere Anforderungen und Erwartungen an die Unternehmen hat als andere Generationen, wurden die Antworten kategorisiert und in Tabelle 5.22 und 5.23 aufgelistet. Insgesamt haben 57 (n = 57) befragte Führungskräfte individuell geantwortet.

Insgesamt sind 17 Führungskräfte der Ansicht, dass die „Work-Life-Balance" eine wichtige Anforderung der Generation Z gegenüber den Unternehmen ist. Das mobile Arbeiten wurde 13-mal als wichtiger Faktor genannt „weniger Arbeitsstunden" sehen 10 Führungskräfte als wichtigen Faktor an. Auch das Gehalt und die Benefits sind durch die befragten Führungskräfte 8-mal als wichtiger Faktor genannt worden.

Tabelle 5.22 Ergebnisse F09-FüKr: Kategorisierung der Antworten. Kategorie 1–6. (Eigene Darstellung)

F09-FüKr: Hat die Generation Z (Geburtsjahr 1995–2012) andere Anforderungen und Erwartungen an ihr Unternehmen als andere Generationen?		Kat. 1 Work-Life-Balance	Kat. 2 Flexibilität	Kat. 3 Transparenz	Kat. 4 Entwicklungsmöglichkeiten / Karriere	Kat. 5 Flache Hierarchie / Mitbestimmung	Kat. 6 Image / Marke
Nr.	Antworten						
1	Work-Life-Balance	X					
2	Work-Life-Balance	X					
3	Flexibilität, Transparenz		X	X			
4	Andere Arbeitszeitmodelle						
5	Flexiblere Arbeitsbedingungen		X				
6	Bessere Vereinbarkeit von Beruf und Familie	X					
7	Mehr Flexibilität		X				
8	Work-Life Balance	X					
9	Entwicklungsmöglichkeiten, Arbeitszeitflexibilität, Image der Marke	X			X		X
10	Bedürfnis nach Freizeit	X					
11	Work-Life-Balance	X					
12	Vereinbarkeit Privatleben & Job	X					
13	Work-Life Balance, Flexibilität Arbeitszeit	X	X				

(Fortsetzung)

Tabelle 5.22 (Fortsetzung)

F09-FüKr: Hat die Generation Z (Geburtsjahr 1995–2012) andere Anforderungen und Erwartungen an ihr Unternehmen als andere Generationen?		Kat. 1 Work-Life-Balance	Kat. 2 Flexibilität	Kat. 3 Transparenz	Kat. 4 Entwicklungsmöglichkeiten / Karriere	Kat. 5 Flache Hierarchie / Mitbestimmung	Kat. 6 Image / Marke
Nr.	Antworten						
14	sehr individuell						
15	Weiterentwicklungsmöglichkeiten				X		
16	mobile Arbeit, Flexibilität, Work-Life-Balance	X					
17	Flexibilität für Freizeit	X					
18	Karriere, Flexibles arbeiten, Gehalt		X		X		
19	Weniger Arbeitszeit/Flexiblere Arbeitszeiten	X	X				
20	Planbare Freizeit, Karriere	X			X		
21	Work-Life-Balance, individuelle Behandlung	X					
22	eigenständiges Arbeiten, flexible Arbeitszeiten		X				
23	Karriereplanung, 4-Tage- Woche						
24	Bezahlung nach Leistung						

(Fortsetzung)

Tabelle 5.22 (Fortsetzung)

F09-FüKr: Hat die Generation Z (Geburtsjahr 1995–2012) andere Anforderungen und Erwartungen an ihr Unternehmen als andere Generationen?		Kat. 1 Work-Life-Balance	Kat. 2 Flexibilität	Kat. 3 Transparenz	Kat. 4 Entwicklungsmöglichkeiten / Karriere	Kat. 5 Flache Hierarchie / Mitbestimmung	Kat. 6 Image / Marke
Nr.	Antworten						
25	Sinnhaftigkeit						
26	Weniger Stunden pro Woche, Work-Life-Balance	X					
27	Flexible Arbeitszeiten, Karrieremöglichkeiten		X		X		
28	sich selbst zu verwirklichen, mehr Freizeit, eigenständiges Arbeiten					X	
29	Flache Hierarchie, neueste Laptops, Handys, Gehalt					X	
30	4-Tage-Woche, Homeoffice, Neueste Technik						
31	Mitbestimmung, Remote work, gerechtes Gehalt					X	
32	Work-Life-Balance, Remote work	X					
33	Work-Life-Balance, Remote-Work	X					
34	Arbeitszeiten, Benefits.						
35	nicht arbeiten, viel verdienen,						

(Fortsetzung)

Tabelle 5.22 (Fortsetzung)

F09-FüKr: Hat die Generation Z (Geburtsjahr 1995–2012) andere Anforderungen und Erwartungen an ihr Unternehmen als andere Generationen?		Kat. 1 Work-Life-Balance	Kat. 2 Flexibilität	Kat. 3 Transparenz	Kat. 4 Entwicklungsmöglichkeiten / Karriere	Kat. 5 Flache Hierarchie / Mitbestimmung	Kat. 6 Image / Marke
Nr.	Antworten						
36	neue Technologien						
37	Work-Life-Balance	X					
38	Benefits						
39	Worklife	X					
40	Digitalisierung, Work-Life-Balance	X					
41	mehr Work-Life-Balance	X					
42	Work-Life-Balance, Führungskraft, auf Augenhöhe, Transparenz	X		X		X	
43	Karriere digitales Umfeld				X		
44	Mehr Freizeit, Zeit Benefits statt Lohnerhöhung	X					
45	Toleranz zur IT-Nutzung während der Arbeitszeit						
46	Work-Life-Balance	X					
47	Kommunikation über WhatsApp oder Signal						

(Fortsetzung)

Tabelle 5.22 (Fortsetzung)

F09-FüKr: Hat die Generation Z (Geburtsjahr 1995–2012) andere Anforderungen und Erwartungen an ihr Unternehmen als andere Generationen?		Kat. 1 Work-Life-Balance	Kat. 2 Flexibilität	Kat. 3 Transparenz	Kat. 4 Entwicklungsmöglichkeiten / Karriere	Kat. 5 Flache Hierarchie / Mitbestimmung	Kat. 6 Image / Marke
Nr.	Antworten						
48	Home-Office						
49	Wenig Arbeit, hohes Gehalt						
50	Smartphone, Tablet, Homeoffice, Teilzeit						
51	Pausenzeit						
52	Freie Arbeitszeiteinteilung, Work-Life-Balance	X	X				
53	Nachhaltigkeit, weniger Reisebereitschaft						
54	Work-Life-Balance	X					
55	Work-Life-Balance	X					
56	Work-Life-Balance, Nachhaltigkeit	X					
57	Vereinbarkeit von Beruf und Familie	X					
		n = 17	n = 3	n = 2	n = 6	n = 4	n = 1

Tabelle 5.23 Ergebnisse F09-FüKr: Kategorisierung der Antworten. Kategorie 7–11. (Eigene Darstellung)

F09-FüKr: Hat die Generation Z (Geburtsjahr 1995–2012) andere Anforderungen und Erwartungen an ihr Unternehmen als andere Generationen?		Kat. 7 Mobiles Arbeiten Neueste Technik	Kat. 8 Gehalt / Benefits	Kat. 9 Weniger Arbeitsstunden	Kat. 10 Individuelle Behandlung	Kat. 11 Sinnhaftigkeit / Selbstverwirklichung
Nr.	Antworten					
1	Work-Life-Balance					
2	Work-Life-Balance					
3	Flexibilität, Transparenz					
4	Andere Arbeitszeitmodelle					
5	Flexiblere Arbeitsbedingungen					
6	Bessere Vereinbarkeit von Beruf und Familie					
7	Mehr Flexibilität					
8	Work-Life Balance					
9	Entwicklungsmöglichkeiten, Arbeitszeitflexibilität, Image der Marke					
10	Bedürfnis nach Freizeit					
11	Work-Life-Balance					
12	Vereinbarkeit Privatleben & Job					

(Fortsetzung)

Tabelle 5.23 (Fortsetzung)

F09-FüKr: Hat die Generation Z (Geburtsjahr 1995–2012) andere Anforderungen und Erwartungen an ihr Unternehmen als andere Generationen?		Kat. 7 Mobiles Arbeiten Neueste Technik	Kat. 8 Gehalt / Benefits	Kat. 9 Weniger Arbeitsstunden	Kat. 10 Individuelle Behandlung	Kat. 11 Sinnhaftigkeit / Selbstverwirklichung
Nr.	Antworten					
13	Work-Life Balance, Flexibilität Arbeitszeit					
14	sehr individuell					
15	Weiterentwicklungsmöglichkeiten					
16	mobile Arbeit, Flexibilität, Work-Life-Balance	X				
17	Flexibilität für Freizeit					
18	Karriere, Flexibles arbeiten, Gehalt		X			
19	Weniger Arbeitszeit/Flexiblere Arbeitszeiten			X		
20	Planbare Freizeit, Karriere					
21	Work-Life-Balance, individuelle Behandlung				X	
22	eigenständiges Arbeiten, flexible Arbeitszeiten					

(Fortsetzung)

Tabelle 5.23 (Fortsetzung)

F09-FüKr: Hat die Generation Z (Geburtsjahr 1995–2012) andere Anforderungen und Erwartungen an ihr Unternehmen als andere Generationen?		Kat. 7 Mobiles Arbeiten Neueste Technik	Kat. 8 Gehalt / Benefits	Kat. 9 Weniger Arbeitsstunden	Kat. 10 Individuelle Behandlung	Kat. 11 Sinnhaftigkeit / Selbstverwirklichung
Nr.	Antworten					
23	Karriereplanung, 4-Tage- Woche			X		
24	Bezahlung nach Leistung		X			
25	Sinnhaftigkeit					X
26	Weniger Stunden pro Woche, Work-Life-Balance			X		
27	Flexible Arbeitszeiten, Karrieremöglichkeiten					
28	sich selbst zu verwirklichen, mehr Freizeit, eigenständiges Arbeiten			X		X
29	Flache Hierarchie, neueste Laptops, Handys, Gehalt	X	X			
30	4-Tage-Woche, Homeoffice, Neueste Technik	X		X		
31	Mitbestimmung, Remote work, gerechtes Gehalt	X	X			
32	Work-Life-Balance, Remote work	X				

(Fortsetzung)

Tabelle 5.23 (Fortsetzung)

F09-FüKr: Hat die Generation Z (Geburtsjahr 1995–2012) andere Anforderungen und Erwartungen an ihr Unternehmen als andere Generationen?		Kat. 7 Mobiles Arbeiten Neueste Technik	Kat. 8 Gehalt / Benefits	Kat. 9 Weniger Arbeitsstunden	Kat. 10 Individuelle Behandlung	Kat. 11 Sinnhaftigkeit / Selbstverwirklichung
Nr.	Antworten					
33	Work-Life-Balance, Remote-Work	X				
34	Arbeitszeiten, Benefits.		X	X		
35	nicht arbeiten, viel verdienen,		X	X		
36	neue Technologien	X				
37	Work-Life-Balance					
38	Benefits		X			
39	Worklife					
40	Digitalisierung, Work-Life-Balance	X				
41	mehr Work-Life-Balance					
42	Work-Life-Balance, Führungskraft, auf Augenhöhe, Transparenz					
43	Karriere digitales Umfeld	X				
44	Mehr Freizeit, Zeit Benefits statt Lohnerhöhung		X			

(Fortsetzung)

Tabelle 5.23 (Fortsetzung)

F09-FüKr: Hat die Generation Z (Geburtsjahr 1995–2012) andere Anforderungen und Erwartungen an ihr Unternehmen als andere Generationen?		Kat. 7 Mobiles Arbeiten Neueste Technik	Kat. 8 Gehalt / Benefits	Kat. 9 Weniger Arbeitsstunden	Kat. 10 Individuelle Behandlung	Kat. 11 Sinnhaftigkeit / Selbstverwirklichung
Nr.	Antworten					
45	Toleranz zur IT-Nutzung während der Arbeitszeit					
46	Work-Life-Balance					
47	Kommunikation über WhatsApp oder Signal	X				
48	Home-Office	X				
49	Wenig Arbeit, hohes Gehalt	X		X		
50	Smartphone, Tablet, Homeoffice, Teilzeit	X		X		
51	Pausenzeit			X		
52	Freie Arbeitszeiteinteilung, Work-Life-Balance					
53	Nachhaltigkeit, weniger Reisebereitschaft				X	
54	Work-Life-Balance					
55	Work-Life-Balance					

(Fortsetzung)

Tabelle 5.23 (Fortsetzung)

F09-FüKr: Hat die Generation Z (Geburtsjahr 1995–2012) andere Anforderungen und Erwartungen an ihr Unternehmen als andere Generationen?		Kat. 7 Mobiles Arbeiten Neueste Technik	Kat. 8 Gehalt / Benefits	Kat. 9 Weniger Arbeitsstunden	Kat. 10 Individuelle Behandlung	Kat. 11 Sinnhaftigkeit / Selbstverwirklichung
Nr.	Antworten					
56	Work-Life-Balance, Nachhaltigkeit					
57	Vereinbarkeit von Beruf und Familie					
		n = 13	n = 8	n = 10	n = 2	n = 2

F10-FüKr: „Gibt es in Ihrem Unternehmen Maßnahmen, die von der Geschäftsführung getroffen wurden, um auf die Erwartungen und Bedürfnisse der Generation Z einzugehen?“ (Abbildung 5.18)

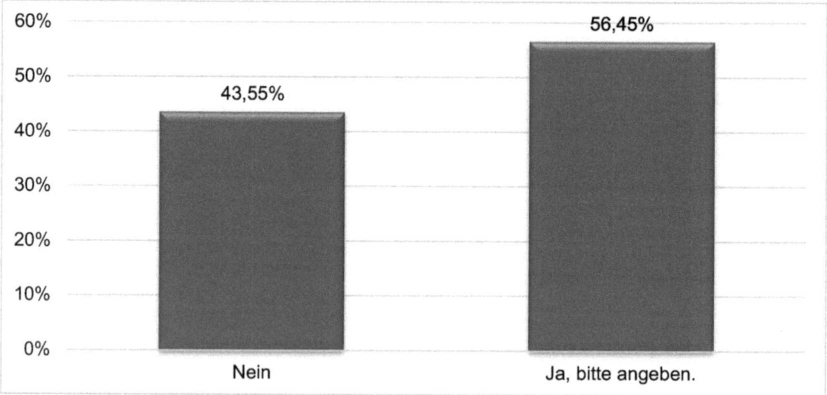

Abbildung 5.18 Ergebnisse F10-FüKr: Maßnahmen, die in den Unternehmen existieren, um die Erwartungen und Bedürfnisse der Generation Z zu befriedigen

Bei der Einschätzung, ob Maßnahmen durch die Geschäftsführung getroffen wurden, um auf die Erwartungen und Bedürfnisse der Generation Z einzugehen, beantworteten 56,45 Prozent diese Frage mit Ja und 43,55 Prozent mit Nein (Tabelle 5.24).

Tabelle 5.24 Ergebnisse F10-FüKr: Deskriptive Verteilung der Ergebnisse

Antwortmöglichkeiten	Beantwortungen	
Nein	43,55 %	n = 27
Ja, bitte angeben.	56,45 %	n = 35
	Antworten	**n = 62**

F11-FüKr: „Wie werden die Anforderungen und Erwartungen der Generation Z in Ihrem Unternehmen erfüllt?“ (Abbildung 5.19)

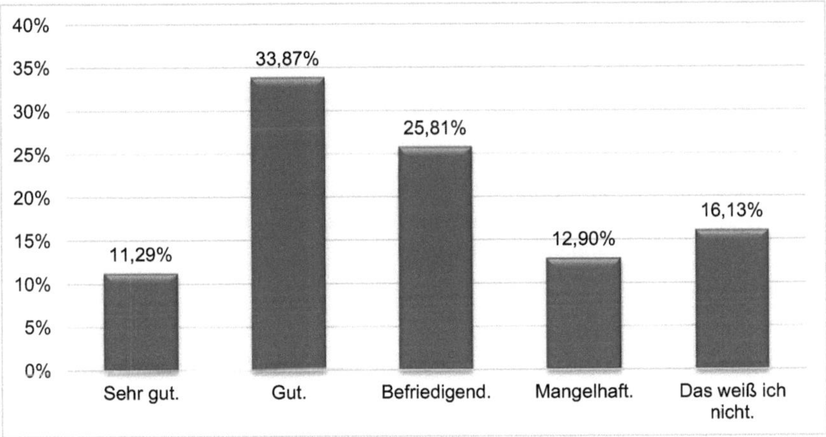

Abbildung 5.19 Ergebnisse F11-FüKr: Erfüllung der Anforderungen und Erwartungen in den Unternehmen

Die Mehrheit der befragten Führungskräfte mit 33,87 Prozent ist der Meinung, dass in ihrem Unternehmen die Anforderungen und Erwartungen der Generation Z „gut“ erfüllt werden. 25,81 Prozent sind der Meinung, dass diese nur „befriedigend“ erfüllt werden und nur 11,29 Prozent sind der Meinung, dass in ihrem Unternehmen diese „sehr gut“ erfüllt werden. 12,90 Prozent bewerteten dies mit mangelhaft und 16,13 Prozent gaben an, dass sie dies nicht wüssten (Tabelle 5.25).

Tabelle 5.25 Ergebnisse F11-FüKr: Deskriptive Verteilung der Ergebnisse

Antwortmöglichkeiten	Beantwortungen	
Sehr gut.	11,29 %	n = 7
Gut.	33,87 %	n = 21
Befriedigend.	25,81 %	n = 16
Mangelhaft.	12,90 %	n = 8
Das weiß ich nicht.	16,13 %	n = 10
	Antworten	**n = 62**

F12-FüKr: „Hat die Generation Z (Geburtsjahr 19952012) andere Anforderungen und Erwartungen an Sie als Führungskraft als andere Generationen?“ (Abbildung 5.20)

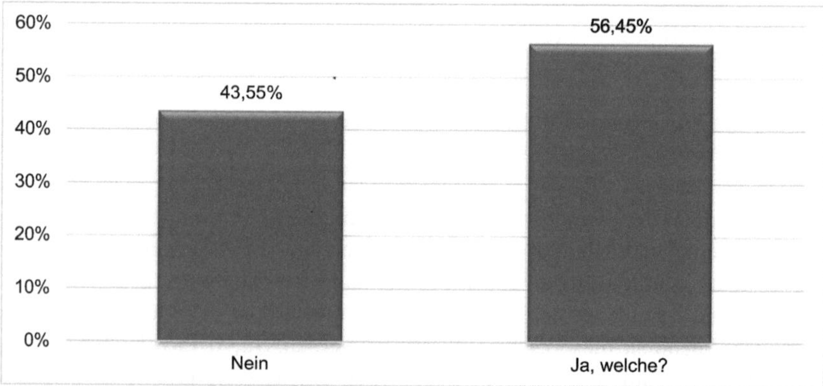

Abbildung 5.20 Ergebnisse F12-FüKr: Anforderungen und Erwartungen der Generation Z an die Führungskräfte

56,45 Prozent der befragten Führungskräfte sind der Meinung, dass die Generation Z andere Anforderungen und Erwartung an sie als Führungskräfte hat, als andere Generationen. 43,55 Prozent sind der Meinung, dass die Generation Z die gleichen Anforderungen und Erwartungen an sie als Führungskraft hat, als andere Generationen (Tabelle 5.26).

Tabelle 5.26 Ergebnisse F12-FüKr: Deskriptive Verteilung der Ergebnisse

Antwortmöglichkeiten	Beantwortungen	
Nein	43,55 %	n = 27
Ja, welche?	56,45 %	n = 35
	Antworten	**n = 62**

F13-FüKr: „Wurden Sie durch Schulungen, Seminare etc. durch Ihr Unternehmen auf die Führung der Generation Z vorbereitet?" (Abbildung 5.21)

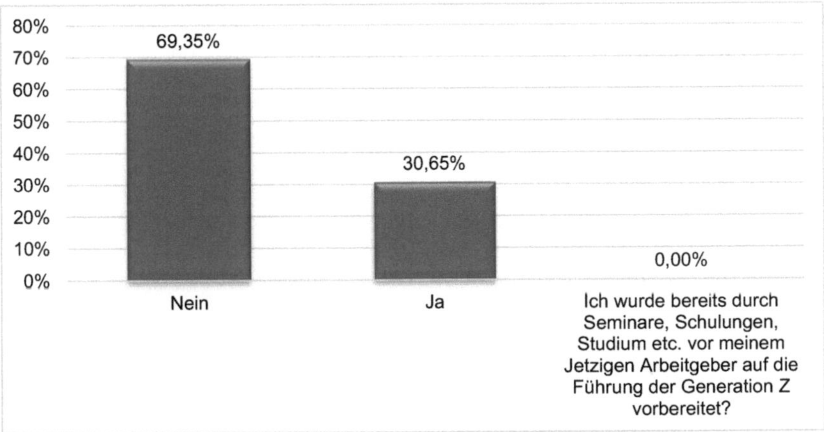

Abbildung 5.21 Ergebnisse F13-FüKr: Schulung der Führungskräfte, um die Generation Z zu führen

69,35 Prozent der befragten Führungskräfte wurden bis heute nicht durch Schulungen und Seminare auf die Generation Z vorbereitet. 30,65 Prozent haben bereits Schulungen oder Seminare besucht, um auf die Generation Z vorbereitet zu werden (Tabelle 5.27).

Tabelle 5.27 Ergebnisse F13-FüKr: Deskriptive Verteilung der Ergebnisse

Antwortmöglichkeiten	Beantwortungen	
Nein	69,35 %	n = 43
Ja	30,65 %	n = 19
Ich wurde bereits durch Seminare, Schulungen, Studium etc. vor meinem jetzigen Arbeitgeber auf die Führung der Generation Z vorbereitet.	0,00 %	n = 0
	Antworten	**n = 62**

F14-FüKr: „Sind Sie der Meinung, dass man auf die Anforderungen und Erwartungen der Generation Z eingehen sollte?" (Abbildung 5.22)

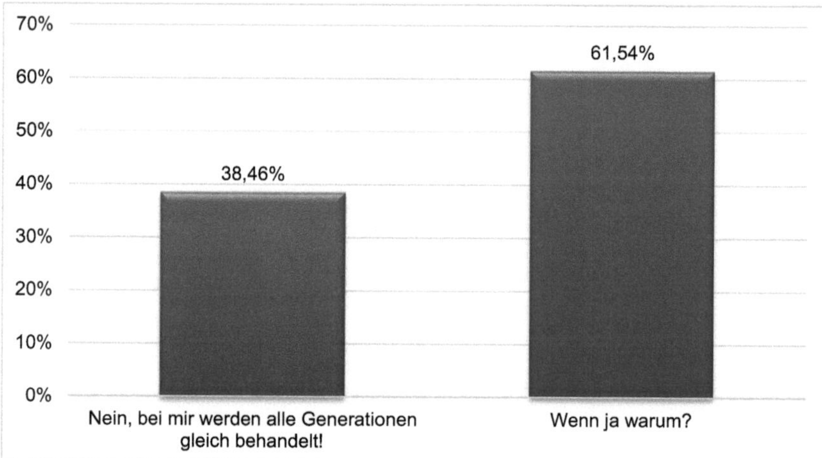

Abbildung 5.22 Ergebnisse F14-FüKr: Einschätzung der Führungskräfte ob auf die Anforderungen und Erwartungen der Generation Z eingegangen werden soll

Bei der Frage, ob man auf die Anforderungen und Erwartungen der Generation Z eingehen solle, beantworteten dies 60,32 Prozent mit „ja" und 39,68 Prozent mit Nein (Tabelle 5.28).

Tabelle 5.28 Ergebnisse F14-FüKr: Deskriptive Verteilung der Ergebnisse

Antwortmöglichkeiten	Beantwortungen	
Ja	0,00 %	n = 0
Nein, bei mir werden alle Generationen gleichbehandelt!	39,68 %	n = 25
Wenn ja warum?	60,32 %	n = 38
	Antworten	**n = 63**

F15-FüKr: „Ist es aus Ihrer Sicht überhaupt möglich, im Vertriebsaußen- und -innendienst auf die Erwartungen und Bedürfnisse der jungen Generation (Generation Z) einzugehen?" (Abbildung 5.23)

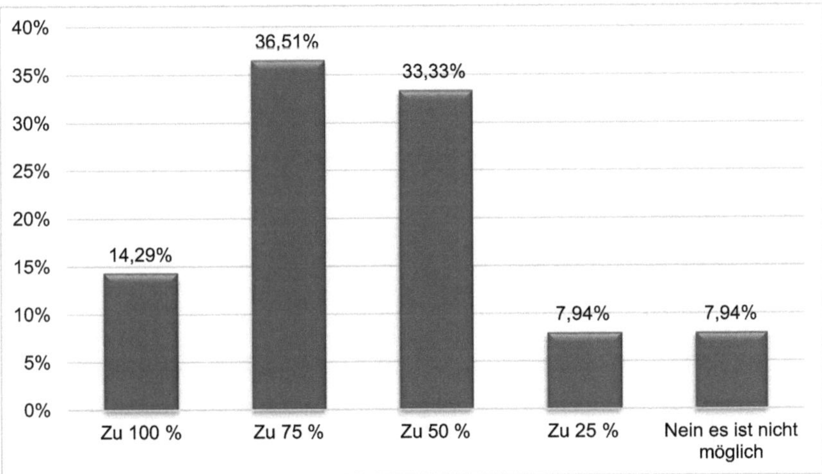

Abbildung 5.23 Ergebnisse F15-FüKr: Möglichkeiten auf die Erwartungen und Bedürfnisse der Generation Z einzugehen

Bei der Frage, wieviel Prozent der Erwartungen und Bedürfnisse der Generation Z im Vertriebsaußen- und Innendienst erfüllt werden können, gaben 36,51 Prozent an, dass dies zu 75 Prozent möglich ist. 33,33 Prozent sind überzeugt, dass dies nur zu 50 Prozent realisierbar ist und lediglich 14,29 Prozent sind der

Meinung, dass die Anforderungen und Erwartungen der Generation Z zu 100 Prozent erfüllbar sind (Tabelle 5.29).

Tabelle 5.29 Ergebnisse F15-FüKr: Deskriptive Verteilung der Ergebnisse

Antwortmöglichkeiten	Beantwortungen	
Zu 100 %	14,29 %	n = 9
Zu 75 %	36,51 %	n = 23
Zu 50 %	33,33 %	n = 21
Zu 25 %	7,94 %	n = 5
Nein es ist nicht möglich	7,94 %	n = 5
	Antworten	**n = 63**

F16-FüKr: „Wie sehr treffen folgende Aussagen Ihrer Meinung nach zu? Mehrfachauswahl möglich." (Abbildung 5.24)

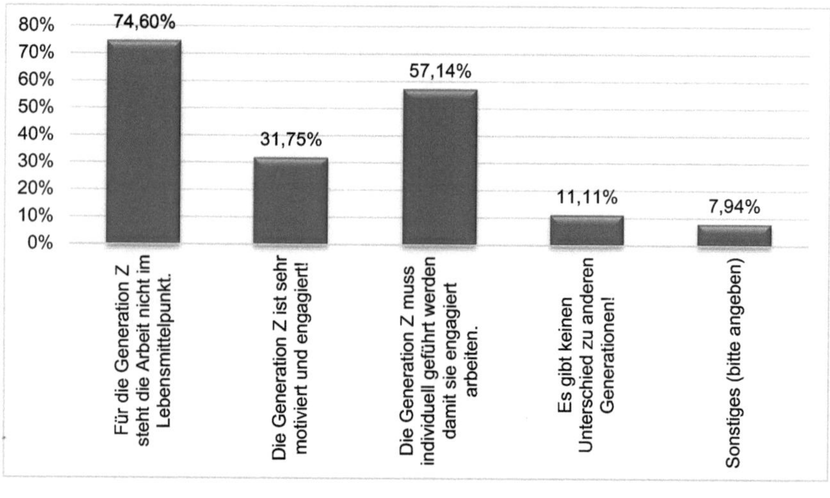

Abbildung 5.24 Ergebnisse F16-FüKr: Zutreffen einzelner Aussagen zur Generation Z

Bei Frage 16 wurde gefragt, wie sehr die folgenden Aussagen auf die Generation Z zutreffen würden. Hierbei war eine Mehrfachauswahl möglich. 74,60 Prozent sind der Meinung, dass für die Generation Z die Arbeit nicht im Mittelpunkt steht. 57,14 Prozent glauben, dass die Generation Z individuell geführt werden muss und 31,75 Prozent sind der Meinung, dass die Generation Z sehr motiviert und engagiert ist. 11,11 Prozent gehen davon aus, dass es zwischen der Generation Z und den anderen Generationen keinen Unterschied gibt (Tabelle 5.30).

Tabelle 5.30 Ergebnisse F16-FüKr: Deskriptive Verteilung der Ergebnisse

Antwortmöglichkeiten	Beantwortungen	
Für die Generation Z steht die Arbeit nicht im Lebensmittelpunkt.	74,60 %	n = 47
Die Generation Z ist sehr motiviert und engagiert!	31,75 %	n = 20
Die Generation Z muss individuell geführt werden, damit sie engagiert arbeiten.	57,14 %	n = 36
Es gibt keinen Unterschied zu anderen Generationen!	11,11 %	n = 7
Sonstiges (bitte angeben)	7,94 %	n = 5
	Antworten	**n = 63**

F17-FüKr: „Was könnte aus Ihrer Sicht Mitarbeiter der Generation Z dazu bewegen, den Arbeitgeber zu wechseln? Mehrfachauswahl möglich." (Abbildung 5.25)

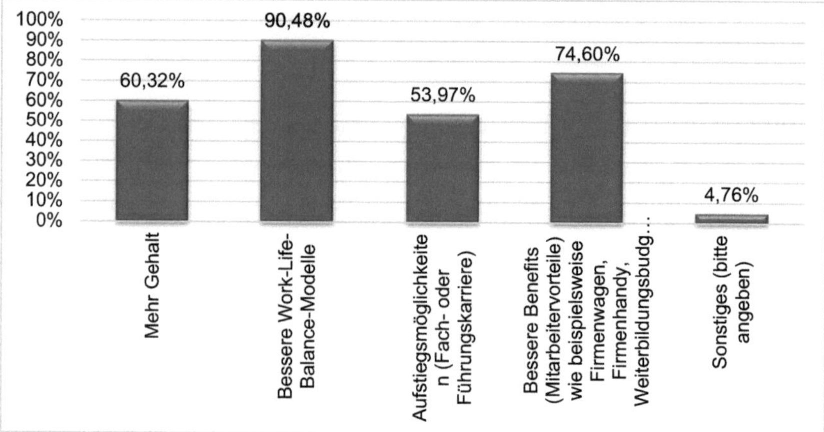

Abbildung 5.25 Ergebnisse F17-FüKr: Gründe für einen möglichen Unternehmenswechsel der Generation Z

Bei Frage 17 wurde gefragt, was nach Ansicht der Führungskräfte, Mitarbeiter der Generation Z dazu bewegen könnte, den Arbeitgeber zu wechseln. Auch hier war eine Mehrfachauswahl möglich.

90,48 Prozent sind der Meinung, dass eine bessere Work-Life-Balance ein Grund hierfür sein könnte. 74,60 Prozent gehen davon aus, dass bessere Benefits die Generation Z dazu bewegen könnte, den Arbeitgeber zu wechseln. 60,32 Prozent sind der Meinung, dass ein besseres Gehalt die Ursache für einen Wechsel sein wird. Auch die Möglichkeiten einer Fach- oder Führungskarriere wurde von 53,97 Prozent der Befragten als mögliche Ursache genannt (Tabelle 5.31).

Tabelle 5.31 Ergebnisse F17-FüKr: Deskriptive Verteilung der Ergebnisse

Antwortmöglichkeiten	Beantwortungen	
Mehr Gehalt	60,32 %	n = 38
Bessere Work-Life-Balance-Modelle	90,48 %	n = 57
Aufstiegsmöglichkeiten (Fach- oder Führungskarriere)	53,97 %	n = 34
Bessere Benefits (Mitarbeitervorteile) wie beispielsweise Firmenwagen, Firmenhandy, Weiterbildungsbudget, Kantine etc.	74,60 %	n = 47
Sonstiges (bitte angeben)	4,76 %	n = 3
	Antworten	**n = 63**

F18-FüKr: „Ist es aus Ihrer Sicht möglich, flexible Arbeitszeitmodelle im Vertriebs- Außendienst und Innendienst umzusetzen?" (Abbildung 5.26)

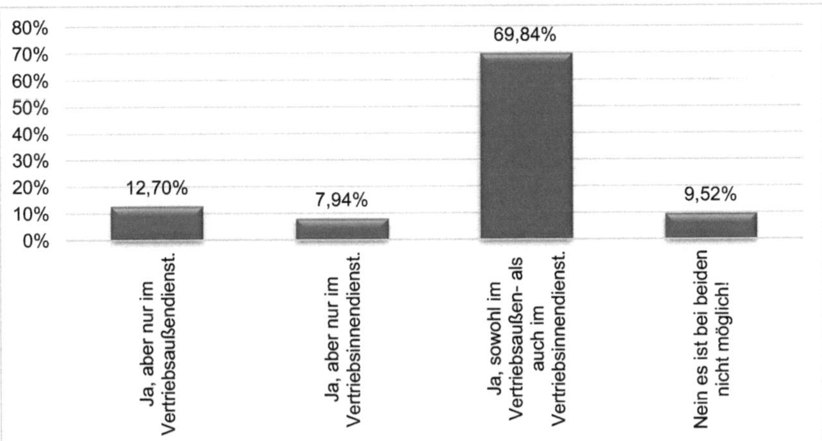

Abbildung 5.26 Ergebnisse F18-FüKr: Möglichkeit von flexiblen Arbeitszeiten im Vertriebsaußen- und Innendienst

69,84 Prozent der befragten Führungskräfte sind der Meinung, dass flexible Arbeitszeitmodelle sowohl im Vertriebsaußen- als auch im Vertriebsinnendienst möglich sind. 12,70 Prozent sind der Meinung, dass flexible Arbeitszeitmodelle nur im

Vertriebsaußendienst möglich sind und 7,94 Prozent gaben, an, dass solche Arbeitszeitmodelle lediglich im Vertriebsinnendienst möglich sind. 9,52 Prozent sind der Meinung, dass dies weder im Vertriebsaußen- noch im Vertriebsinnendienst möglich ist (Tabelle 5.32).

Tabelle 5.32 Ergebnisse F18-FüKr: Deskriptive Verteilung der Ergebnisse

Antwortmöglichkeiten	Beantwortungen	
Ja, aber nur im Vertriebsaußendienst.	12,70 %	n = 8
Ja, aber nur im Vertriebsinnendienst.	7,94 %	n = 5
Ja, sowohl im Vertriebsaußen- als auch im Vertriebsinnendienst.	69,84 %	n = 44
Nein es ist bei beiden nicht möglich!	9,52 %	n = 6
	Antworten	**n = 63**

F19-FüKr: „Ist es aus Ihrer Sicht wichtig, dass die Mitarbeiter der Generation Z in das gesamte Unternehmen gut integriert werden, und das Gefühl bekommen, einen wichtigen Beitrag zu leisten?" (Abbildung 5.27)

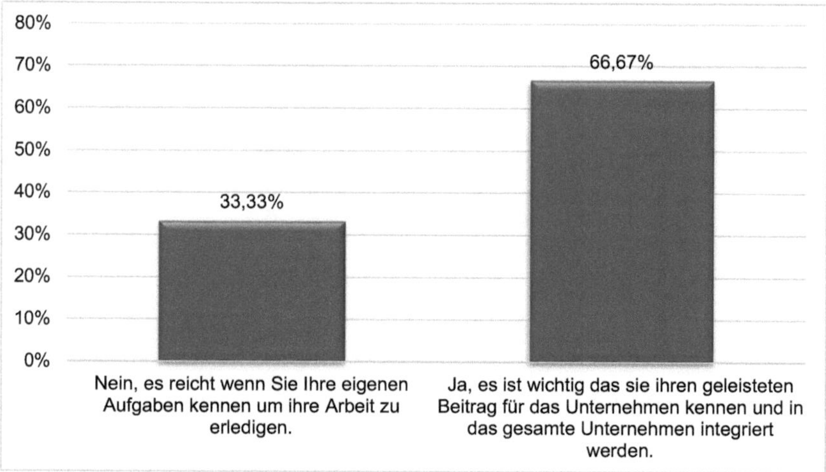

Abbildung 5.27 Ergebnisse F19-FüKr: Wichtigkeit der Einbindung der Generation Z in Teile- bzw. das gesamte Unternehmen

Bei der Frage, ob es wichtig ist, die Mitarbeiter der Generation Z in das gesamte Unternehmen zu integrieren, damit sie das Gefühl bekommen, einen wichtigen Beitrag zu leisten, sind 66,67 Prozent der Befragten der Meinung, dass dies wichtig ist. 33,33 Prozent meinen jedoch, dass es reicht, wenn die Mitarbeiter der Generation Z ihre Aufgaben kennen, um ihre Arbeit zu erledigen (Tabelle 5.33).

Tabelle 5.33 Ergebnisse F19-FüKr: Deskriptive Verteilung der Ergebnisse

Antwortmöglichkeiten	Beantwortungen	
Nein, es reicht, wenn Sie Ihre eigenen Aufgaben kennen, um ihre Arbeit zu erledigen.	33,33 %	n = 21
Ja, es ist wichtig, dass sie ihren geleisteten Beitrag für das Unternehmen kennen und in das gesamte Unternehmen integriert werden.	66,67 %	n = 42
	Antworten	**n = 63**

F20-FüKr: „Gibt es aus Ihrer Sicht noch weitere Maßnahmen oder Möglichkeiten, um die Mitarbeiter der Generation Z im Vertriebsaußen- und -innendienst an das Unternehmen zu binden?“ (Tabelle 5.34)

Tabelle 5.34 Ergebnisse F20-FüKr: Anzahl der freien Beantwortungen

Antworten	n = 28
Übersprungen	n = 35

In der Tabelle 5.35 sind die einzelnen Antworten der befragten Personen dargestellt. Die laufende Nummer dient lediglich zur Übersichtlichkeit und hat keinerlei Relevanz. Da es sich sehr schwierig gestaltet die einzelnen Antworten zu clustern, werden die originalantworten dargestellt. Die Antworten wurden nicht bereinigt und anderweitig bearbeitet.

Tabelle 5.35 Ergebnisse F20-FüKr: Freie Beantwortungen. (Eigene Darstellung)

F20-FüKr:
Gibt es aus Ihrer Sicht noch weitere Maßnahmen oder Möglichkeiten um die Mitarbeiter der Generation Z im Vertriebsaußen- und -innendienst an das Unternehmen zu binden?

Nr.	Antworten
1	Respektvoller Umgang
2	Keine akzeptablen Lieferzeiten ein no Go
3	Die Preisgestaltung in manchen Produktgruppen ein schleichendes verabschieden von unseren loyalen, langjährigen Kunden
4	In Projekte und Entscheidungen frühzeitig mit einbinden
5	Wir sollten es wichtig nehmen, aber auch nicht vergessen uns um alle anderen zu kümmern.
6	4 Tage Woche
7	Mehr Urlaubstage als Gehaltserhöhung
8	Rabatte / Zuzahlung zu Fernreisen
9	–
10	Nein
11	Weiterbildungsmöglichkeiten, interne Weiterentwicklung, Nachwuchsprogramme
12	div
13	Teambildungsevents
14	Mitarbeiter Schulen
15	Ja
16	nein
17	Work-Life-Balance und Benefits
18	Nein. Entscheidend ist, dass sie genauso wie auch die anderen Generationen offen und aufrichtig geführt werden. Fördern und fordern – das war schon immer so.
19	Gute Führsorge, Verständnis, offenes Ohr, Zeit und Wertschätzung
20	"Work Life Balance, Benefits
21	Des Weiteren immer den Sinn hinter der Tätigkeit erklären"

(Fortsetzung)

Tabelle 5.35 (Fortsetzung)

F20-FüKr: Gibt es aus Ihrer Sicht noch weitere Maßnahmen oder Möglichkeiten um die Mitarbeiter der Generation Z im Vertriebsaußen- und -innendienst an das Unternehmen zu binden?	
Nr.	Antworten
22	Möglichkeiten des Home-Office im Innendienst
23	Jährliche Ermöglichung zum Besuch der Cebit und der Gamescom
24	Teilhabe am Unternehmenserfolg
25	3-Tage Woche, Gleitzeit, regelmäßige Events, Multimediale Vernetzung,
26	Chill-out Lounge, Sabbatical, Dienstwagen mit Multimedia-System
27	Möglichkeiten eines interaktiven Chatrooms in den Kaffeepausen
28	Homeoffice Möglichkeit
29	Individuelle Coachings und individuelle Förderung

5.3 Umfrage III – Experteninterview: Führen der Generation Z im Vertrieb

Bei der dritten Umfrage wurden gezielt Experten aus Baumaschinen- und Baumaschinensteuerungsvertrieb in Deutschland über soziale Medien, direkten Kontakt und über Firmenwebseiten angeschrieben. Als Experten zum Thema „Führen der Generation Z" wurden Geschäftsführer, HRM und Vertriebsleiter befragt. Alle befragten Experten haben langjährige Erfahrung im Baumaschinen- und Baumaschinensteuerungsvertrieb und sind direkt in die Führung aller Generationen involviert.

Auch diese Umfrage gestaltete sich schwierig, da viele Unternehmen den Befrager, aufgrund der Tätigkeit im selben Vertriebsbereich, als Vertreter der Konkurrenz ansahen. Die Befragung fand mittels eines Umfragetools (SurveyMonkey) statt und die befragten Personen haben, nach Zusage zur Teilnahme an der Befragung, einen personalisierten Link zu der Umfrage erhalten (Tabelle 5.36).

Tabelle 5.36 Erkenntnisse der Umfrage: Experteninterview: Führen der Generation Z im Vertrieb

Erkentnisse:	
Beantwortungen insgesamt	N = 11
Abschlussquote	100 %
Durchschnittlicher Zeitaufwand	8 m:38 s

F01-Exp: „Hat der demografische Wandel in Deutschland negative Auswirkungen auf die Gewinnung von Fach- und Führungskräften in Ihrem Unternehmen?" (Abbildung 5.28)

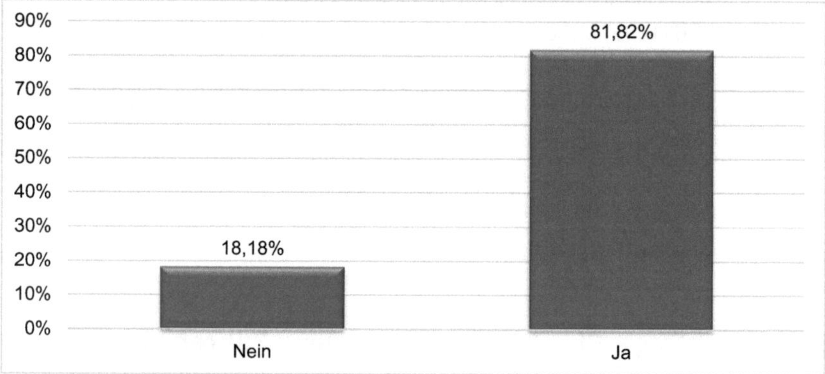

Abbildung 5.28 Ergebnisse F01-Exp: Auswirkungen des demografischen Wandels auf die Gewinnung von Fach- und Führungskräften

Bei der Frage, ob der demografische Wandel negative Auswirkungen auf die Gewinnung von Fach- und Führungskräften habe, antworteten 81,82 Prozent der Experten mit Ja und 18,18 Prozent der Experten sind der Meinung, dass der Demografische Wandel keine Auswirkung auf die Gewinnung von Fach- und Führungskräften habe (Tabelle 5.37).

Tabelle 5.37 Ergebnisse F01-Exp: Deskriptive Verteilung der Ergebnisse

Antwortmöglichkeiten	Beantwortungen	
Nein	18,18 %	n = 2
Ja	81,82 %	n = 9
	Antworten	**n = 11**

F02-Exp: „Glauben Sie, dass die neue Generation Z (Geburtsjahr 19952012) besondere Erwartungen und Anforderungen an Ihr Unternehmen als Arbeitgeber hat?" (Abbildung 5.29)

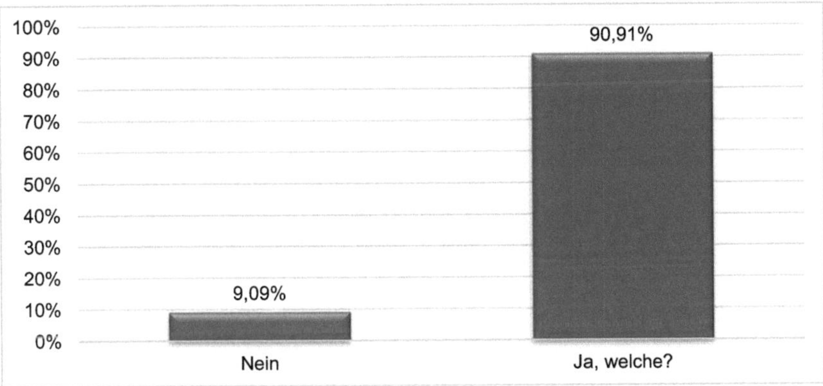

Abbildung 5.29 Ergebnisse F02-Exp: Einschätzung zu den Erwartungen und Bedürfnissen der Generation Z

Bei der Frage, ob die Generation Z besondere Erwartungen und Anforderungen an das Unternehmen hat, waren 91,91 Prozent der Meinung, dass dies zutrifft und 9,09 Prozent sehen hier keinerlei andere Anforderungen und Erwartungen als bei anderen Generationen (Tabelle 5.38).

Tabelle 5.38 Ergebnisse F02-Exp: Deskriptive Verteilung der Ergebnisse

Antwortmöglichkeiten	Beantwortungen	
Nein	9,09 %	n = 1
Ja, welche?	90,91 %	n = 10
	Antworten	**n = 11**

F03-Exp: „Wurden in Ihrem Unternehmen bereits Maßnahmen getroffen, um auf die neue Generation Z zu reagieren?" (Abbildung 5.30)

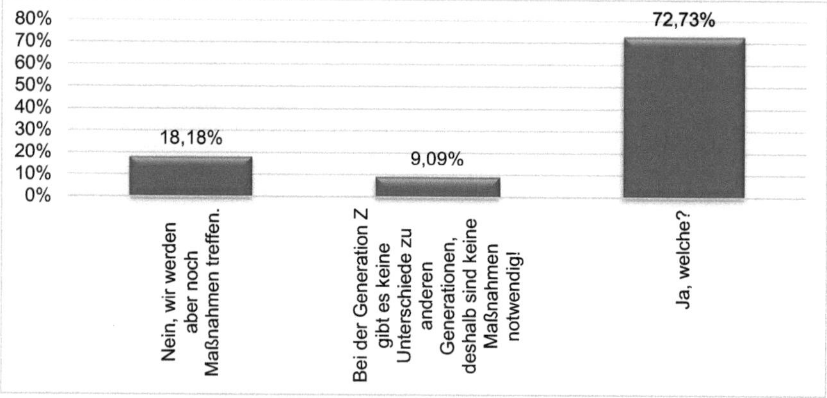

Abbildung 5.30 Ergebnisse F03-Exp: Getroffene Maßnahmen in den Unternehmen, um auf die Generation Z zu reagieren

Auf die Frage drei antworteten 72,73 Prozent der befragten Führungskräfte, dass in ihrem Unternehmen bereits Maßnahmen getroffen wurden, um auf die Generation Z zu reagieren. Da diese Farge frei zu beantworten war, wurden die gegebenen Antworten, wie in Tabelle 5.39 zu sehen ist, in 8 Kategorien unterteilt und auf die Häufigkeit der gegebenen Antworten überprüft. Hierbei wurde 6-mal das mobile Arbeiten genannt, dreimal flexible Arbeitszeiten und jeweils zweimal Homeoffice und Work-Life-Balance. Gehalt, Altersvorsorge, Nachhaltigkeit, Sinnhaftigkeit und modern/digital wurden jeweils einmal erwähnt.

18,18 Prozent gaben an, dass noch keine Maßnahmen getroffen wurden, jedoch dies geplant sei. Lediglich 9,09 Prozent vertreten die Meinung, dass keinerlei Maßnahmen hierfür nötig sind.

Tabelle 5.39 Ergebnisse F03-Exp: Deskriptive Verteilung der Ergebnisse

Antwortmöglichkeiten	Beantwortungen	
Nein, wir werden aber noch Maßnahmen treffen.	18,18 %	n = 2
Bei der Generation Z gibt es keine Unterschiede zu anderen Generationen, deshalb sind keine Maßnahmen notwendig!	9,09 %	n = 1
Ja, welche?	72,73 %	n = 8
	Antworten	**n = 11**

In Tabelle 5.40/5.41 wurden die Antworten in Kategorien eingeteilt und tabellarisch dargestellt. Hierbei wurde von acht (n = 8) befragten Personen das mobile Arbeiten bzw. Homeoffice als bereits durchgeführte Maßnahme im Unternehmen genannt. Des Weiteren wurden von drei (n = 3) befragten Experten die flexiblen Arbeitszeiten und von zwei Experten (n = 2) das Work-Life-Balance-Modell als weitere, bereits eingeführte Maßnahmen, genannt. Mehr Gehalt/Prämien, Altersvorsorge, Nachhaltigkeit, Sinnhaftigkeit und modern/digital wurde jeweils nur von einem Experten als bereits durchgeführte Maßnahme angegeben.

Tabelle 5.40 Ergebnisse F03-Exp: Kategorisierung der Antworten. Kategorie 1–4. (Eigene Darstellung)

F03-Exp: Wurden in Ihrem Unternehmen bereits Maßnahmen getroffen, um auf die neue Generation Z zu reagieren?		Kat. 1 Mobiles Arbeiten / Homeoffice	Kat. 2 Flexible Arbeitszeiten	Kat. 3 Mehr Gehalt / Prämien	Kat. 4 Altersvorsorge
Nr.	Antworten				
1	Mobiles Arbeiten	X			
2	Mobiles Arbeiten, flexible Arbeitszeiten	X	X		
3	Flexible Arbeitszeiten		X		
4	Gleitzeit, Homeoffice, Hund mitbringen, Prämienregelungen, Gehalt, private Altersvorsorge	X	X	X	X
5	Personalisierte und digitale, moderne Ansprachen und Konzepte				
6	Homeoffice, Work-Life-Balance, flexible Arbeitszeiten	X			
7	Work-Life-Balance, nachhaltiges Wirtschaften, gesellschaftlichen Sinn, Mobile-Work.	X			
8	mobiles Arbeiten	X			
		n = 6	n = 3	n = 1	n = 1

Tabelle 5.41 Ergebnisse F03-Exp: Kategorisierung der Antworten. Kategorie 5–8. (Eigene Darstellung)

F03-Exp: Wurden in Ihrem Unternehmen bereits Maßnahmen getroffen, um auf die neue Generation Z zu reagieren?		Kat. 5 Work-Life-Balance	Kat. 6 Nachhaltigkeit	Kat. 7 Sinnhaftigkeit	Kat. 8 Modern / Digital
Nr.	Antworten				
1	Mobiles Arbeiten				
2	Mobiles Arbeiten, flexible Arbeitszeiten				
3	Flexible Arbeitszeiten				
4	Gleitzeit, Homeoffice, Hund mitbringen, Prämienregelungen, Gehalt, private Altersvorsorge				
5	Personalisierte und digitale, moderne Ansprachen und Konzepte				X
6	Homeoffice, Work-Life-Balance, flexible Arbeitszeiten	X			
7	Work-Life-Balance, nachhaltiges Wirtschaften, gesellschaftlichen Sinn, Mobile-Work.	X	X	X	
8	mobiles Arbeiten				
		n = 2	n = 1	n = 1	n = 1

F04-Exp: „Welche Generation ist bei den Führungskräften Ihres Vertriebs am stärksten vertreten?“ (Abbildung 5.31)

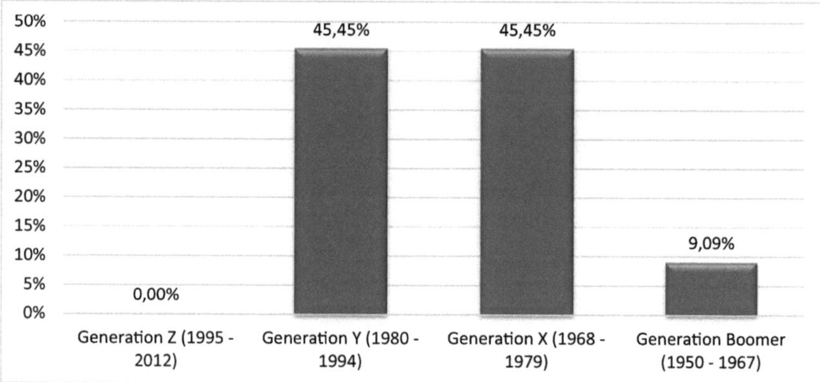

Abbildung 5.31 Ergebnisse F04-Exp: Generationszugehörigkeit der Führungskräfte

Die Generation X und Y sind mit jeweils 45,5 Prozent die am stärksten vertretenen Generationen in Vertriebsführungspositionen. Die Generation Boomer ist mit 9,09 Prozent vertreten und die Generation Z ist noch in keiner Führungsposition vertreten (Tabelle 5.42).

Tabelle 5.42 Ergebnisse F04-Exp: Deskriptive Verteilung der Ergebnisse

Antwortmöglichkeiten	Beantwortungen	
Generation Z (1995–2012)	0,00 %	n = 0
Generation Y (1980–1994)	45,45 %	n = 5
Generation X (1968–1979)	45,45 %	n = 5
Generation Boomer (1950–1967)	9,09 %	n = 1
	Antworten	**n = 11**

F05-Exp: „Hat der Vertrieb im Baumaschinensegment andere Anforderungen an die Mitarbeiter und Führungskräfte als in anderen Vertriebssegmenten? (Banken, C-Teile, Pflegeprodukte etc.)" (Abbildung 5.32)

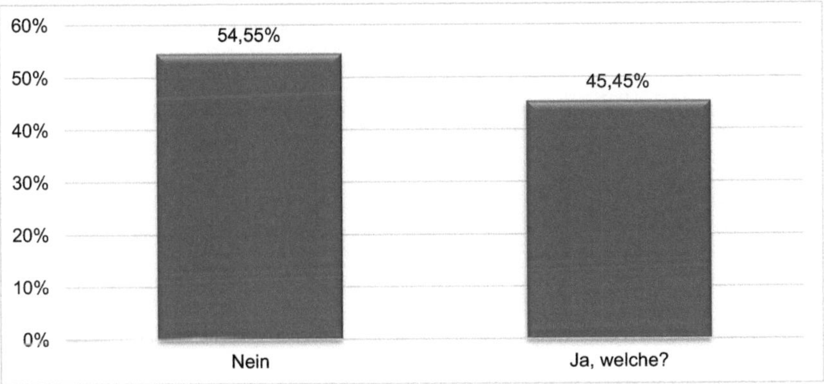

Abbildung 5.32 Ergebnisse F05-Exp: Anforderungen des Baumaschinenvertriebs im Gegensatz zu anderen Vertriebsstrukturen

Bei der Frage, ob der Baumaschinenvertrieb andere Anforderungen an Mitarbeiter und Führungskräfte habe, als in anderen Vertriebssegmenten waren 54,55 Prozent der Meinung, dass es hier keinen Unterschied zu anderen Vertriebsorganisationen gibt. 45,45 Prozent gehen davon aus, dass der Baumaschinenvertrieb Unterschiede zu anderen Vertriebsorganisationen aufweist (Tabelle 5.43 und 5.44).

Tabelle 5.43 Ergebnisse F05-Exp: Deskriptive Verteilung der Ergebnisse

Antwortmöglichkeiten	Beantwortungen	
Nein	54,55 %	n = 6
Ja, welche?	45,45 %	n = 5
	Antworten	**n = 11**

Tabelle 5.44 Ergebnisse F05-Exp: Kategorisierung der Antworten. (Eigene Darstellung)

F05-Exp: Hat der Vertrieb im Baumaschinensegment andere Anforderungen an die Mitarbeiter und Führungskräfte als in anderen Vertriebssegmenten? (Banken, C-Teile, Pflegeprodukte etc.)		Kat. 1 Flexible Arbeitszeiten	Kat.2 Schnelle Entscheidungen	Kat.3 Kostenreduzierung durch Kunden	Kat. 4 Hohe Flexibilität beim Kunden	Kat. 5 Vertrieb von Investitionsgütern	Kat. 6 Hohe technische Beratung
Nr.	Antworten						
1	Flexibilität bei den Arbeitszeiten und bei der Entscheidungsfindung erwartet	X	X				
2	Kunden, die mit äußerst geringen Margen arbeiten und somit ständig die Kostenreduzierung im Sinn haben			X			
3	unsere Kundenklientel ist kaum planbar, somit müssen wir auch sehr flexibel sein – starre Modelle funktionieren nicht				X		

(Fortsetzung)

Tabelle 5.44 (Fortsetzung)

F05-Exp: Hat der Vertrieb im Baumaschinensegment andere Anforderungen an die Mitarbeiter und Führungskräfte als in anderen Vertriebssegmenten? (Banken, C-Teile, Pflegeprodukte etc.)		Kat. 1 Flexible Arbeitszeiten	Kat.2 Schnelle Entscheidungen	Kat.3 Kostenreduzierung durch Kunden	Kat. 4 Hohe Flexibilität beim Kunden	Kat. 5 Vertrieb von Investitionsgütern	Kat. 6 Hohe technische Beratung
Nr.	Antworten						
4	Ja, da es sich um Investitionsgüter handelt.					X	
5	Beratung von hochtechnischen Produkten (Investitionsgütern)						X
		n = 1	n = 1	n = 1	n = 1	n = 1	n = 1

Fünf Experten sind der Meinung, dass der Baumaschinenvertrieb andere Anforderungen an Mitarbeiter und Führungskräfte hat. Die Antworten wurden in insgesamt sechs Kategorien eingeteilt, welche jeweils nur einmal durch einen Experten benannt wurde.

F06-Exp: „Müssen aus Ihrer Sicht die Führungskräfte im Vertrieb speziell für den Umgang mit der Generation Z geschult werden?" (Abbildung 5.33)

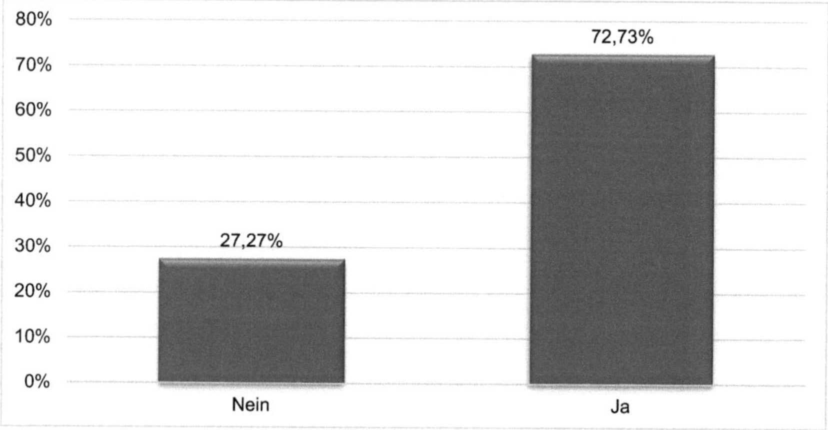

Abbildung 5.33 Ergebnisse F06-Exp: Einschätzung ob Führungskräfte im Umgang mit der Generation Z geschult werden müssen

72,73 Prozent der befragten Personen sind der Meinung, dass eine Führungskraft im Umgang mit der Generation Z speziell geschult werden müsse. 27,27 Prozent vertreten die Ansicht, dass hierzu keine spezielle Schulung nötig ist (Tabelle 5.45).

Tabelle 5.45 Ergebnisse F06-Exp: Deskriptive Verteilung der Ergebnisse

Antwortmöglichkeiten	Beantwortungen	
Nein	27,27 %	n = 3
Ja	72,73 %	n = 8
	Antworten	**n = 11**

F07-Exp: „Welche Maßnahmen sind Ihrer Meinung nach wichtig, um die Generation Z langfristig an Ihr Unternehmen zu binden?" (Tabelle 5.46)

Tabelle 5.46 Ergebnisse F07-Exp: Deskriptive Verteilung der Ergebnisse

Antworten	n = 11
Übersprungen	n = 0

Bei dieser Frage konnten die befragten Führungskräfte nur freie Antworten geben. In Tabelle 5.47/5.48 wurden die Antworten kategorisiert und auf ihre Häufigkeit überprüft.

Am häufigsten mit je dreimal wurde die Anpassung des Arbeitsumfeldes an die Lebensumstände und flexible Arbeitsmodelle (Zeit und Ort) genannt.

Moderne Führung und Kommunikation wurden zweimal als wichtiges Mittel zur Bindung der Generation Z an die Unternehmen genannt.

Alle weiteren Antworten wurden jeweils nur einmal erwähnt.

Tabelle 5.47 Ergebnisse F07-Exp: Kategorisierung der Antworten. Kategorie 1–6. (Eigene Darstellung)

F07-Exp: Welche Maßnahmen sind Ihrer Meinung nach wichtig, um die Generation Z langfristig an Ihr Unternehmen zu binden?		Kat. 1 Work-Life-Balance	Kat.2 Anpassung des Arbeitsumfeldes an Lebensumstände	Kat.3 Möglichkeit des intern Jobwechsel	Kat. 4 Weiterbildungsangebote	Kat. 5 Interessante Aufgaben	Kat. 6 Flexible Arbeitsmodelle, Zeit und Ort
Nr.	Antworten						
1	Das muss sich noch zeigen.						
2	Anpassung des Arbeitsumfelds an Lebensumstände, Jobwechsel innerhalb des Unternehmens, Weiterbildungsangebote		X	X	X		
3	Keine besonderen Maßnahmen.						
4	Flexible Arbeitsmodelle (Zeit und Ort) Sicheres, planbares Einkommen Work-Life-Balance in Richtung „Life“	X					X
5	Interessante Aufgaben, Flexibilität		X			X	
6	Wertschätzung, flexible Arbeitszeiten, Lösungen für private Probleme		X				X

(Fortsetzung)

Tabelle 5.47 (Fortsetzung)

F07-Exp: Welche Maßnahmen sind Ihrer Meinung nach wichtig, um die Generation Z langfristig an Ihr Unternehmen zu binden?		Kat. 1 Work-Life-Balance	Kat.2 Anpassung des Arbeitsumfeldes an Lebensumstände	Kat.3 Möglichkeit des intern Jobwechsel	Kat. 4 Weiterbildungsangebote	Kat. 5 Interessante Aufgaben	Kat. 6 Flexible Arbeitsmodelle, Zeit und Ort
Nr.	Antworten						
7	flexible Arbeitszeitkonzepte, gute Kommunikation, moderne Führungskonzepte, Motivation, Empathie, emotionale Intelligenz						X
8	Sinnstiftende Arbeit, Gesundheitsmanagement, Beruf und Familie	X					
9	Man muss sich also als Arbeitgeber auf sie zu bewegen.						
10	4-Tage-Woche, flexible AZ-Modelle, live Balance (Work eher untergeordnet)	X					
11	s. o.						
		n = 3	**n = 3**	**n = 1**	**n = 1**	**n = 1**	**n = 3**

Tabelle 5.48 Ergebnisse F07-Exp: Kategorisierung der Antworten. Kategorie 7–12. (Eigene Darstellung)

F07-Exp: Welche Maßnahmen sind Ihrer Meinung nach wichtig, um die Generation Z langfristig an Ihr Unternehmen zu binden?		Kat. 7 Sicheres / planbares Einkommen	Kat. 8 Keine besonderen Maßnahmen / noch offen	Kat. 9 Gesundheitsmanagement	Kat. 10 Wertschätzung	Kat. 11 Moderne Führung / Kommunikation	Kat. 12 Sinnhafte Aufgaben
Nr.	Antworten						
1	Das muss sich noch zeigen.		X				
2	Anpassung des Arbeitsumfelds an Lebensumstände, Jobwechsel innerhalb des Unternehmens, Weiterbildungsangebote						
3	Keine besonderen Maßnahmen.		X				
4	Flexible Arbeitsmodelle (Zeit und Ort) Sicheres, planbares Einkommen Work-Life-Balance in Richtung „Life“	X					
5	Interessante Aufgaben, Flexibilität						
6	Wertschätzung, flexible Arbeitszeiten, Lösungen für private Probleme				X		

(Fortsetzung)

Tabelle 5.48 (Fortsetzung)

Nr.	F07-Exp: Welche Maßnahmen sind Ihrer Meinung nach wichtig, um die Generation Z langfristig an Ihr Unternehmen zu binden?	Kat. 7 Sicheres / planbares Einkommen	Kat. 8 Keine besonderen Maßnahmen / noch offen	Kat. 9 Gesundheitsmanagement	Kat. 10 Wertschätzung	Kat. 11 Moderne Führung / Kommunikation	Kat. 12 Sinnhafte Aufgaben
Nr.	Antworten						
7	flexible Arbeitszeitkonzepte, gute Kommunikation, moderne Führungskonzepte, Motivation, Empathie, emotionale Intelligenz					X	
8	Sinnstiftende Arbeit, Gesundheitsmanagement, Beruf und Familie			X			X
9	Man muss sich also als Arbeitgeber auf sie zu bewegen.					X	
10	4-Tage-Woche, flexible AZ-Modelle, live Balance (Work eher untergeordnet)						
11	s. o.		X				
			n = 3	**n = 1**	**n = 1**	**n = 2**	**n = 1**

Auf Frage sieben, welche Maßnahmen aus Sicht der Experten wichtig sind, um Mitarbeiter der Generation Z an das Unternehmen zu binden, wurde jeweils von drei Experten (n = 3) mit Work-Life-Balance, Anpassung des Arbeitsumfeldes an Lebensumstände, flexible Arbeitsmodelle – Zeit und Ort- und keine besonderen Maßnahmen, bzw. noch offen geantwortet. Durch zwei Experten (n = 2) wurde eine moderne Führung / Kommunikation angegeben.

F08-Exp: „Wie machen Sie die Generation Z auf Ihr Unternehmen aufmerksam?" (Abbildung 5.34)

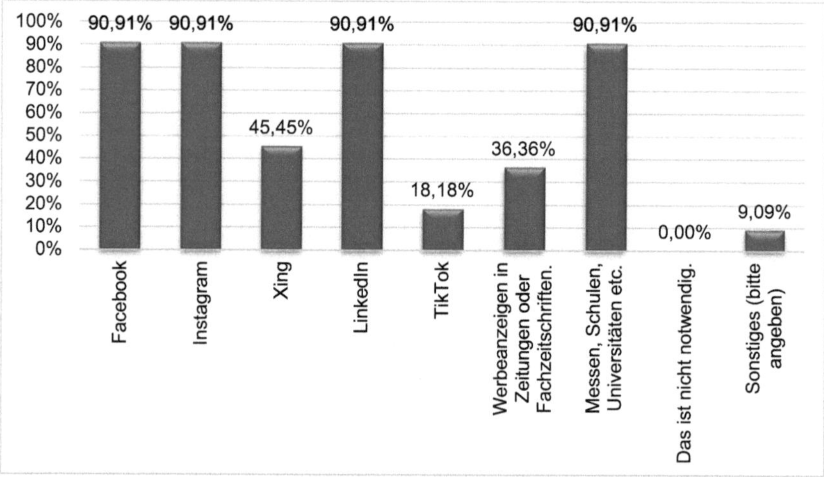

Abbildung 5.34 Ergebnisse F08-Exp: Möglichkeiten eines Unternehmens, um die Aufmerksamkeit der Generation Z zu erlangen

90,91 Prozent der befragten Führungskräfte gaben an, dass ihr Unternehmen die Generation Z über Facebook, Instagram, LinkedIn, Messen, Schulen und Universitäten auf sich aufmerksam machen würde. 45,45 Prozent über die Plattform XING und 36,36 Prozent schalten Werbeanzeigen in Zeitungen und Fachzeitschriften (Tabelle 5.49).

Tabelle 5.49 Ergebnisse F08-Exp: Deskriptive Verteilung der Ergebnisse

Antwortmöglichkeiten	Beantwortungen	
Facebook	90,91 %	n = 10
Instagram	90,91 %	n = 10
Xing	45,45 %	n = 5
LinkedIn	90,91 %	n = 10
TikTok	18,18 %	n = 2
Werbeanzeigen in Zeitungen oder Fachzeitschriften.	36,36 %	n = 4
Messen, Schulen, Universitäten etc.	90,91 %	n = 10
Das ist nicht notwendig.	0,00 %	n = 0
Sonstiges (bitte angeben)	9,09 %	n = 1
	Antworten	**n = 11**

F09-Exp: „Werden „Talente" in Ihrem Unternehmen durch spezielle Maßnahmen gefördert und gefordert?" (Abbildung 5.35)

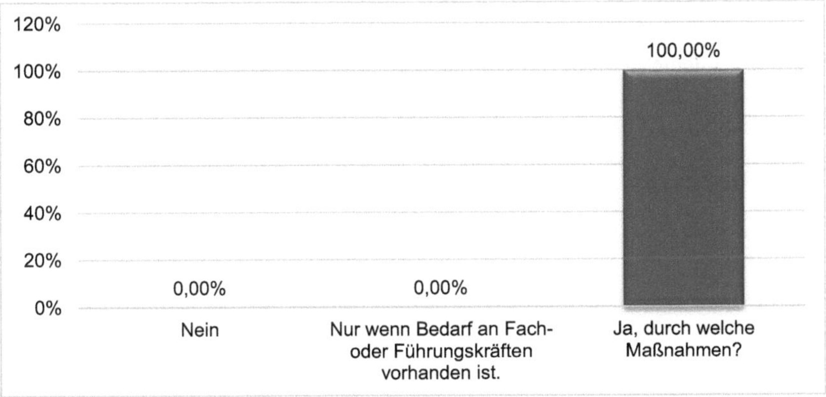

Abbildung 5.35 Ergebnisse F09-Exp: Förderung und Maßnahmen zur Talentförderung

Die Frage, ob es Förderungen von Talenten im Unternehmen gibt, wurde zu 100 Prozent mit Ja beantwortet. Die offenen Fragen wurden in Tabelle 5.50 in Kategorien eingeteilt und auf die Häufigkeit ihrer Nennung überprüft. Sechs von elf Führungskräften haben angegeben, dass Talente in ihrem Unternehmen durch Weiterbildungen gefördert werden. Vier Personen gaben an, dass die Talente durch spezielle Traineeprogramme, Berufsausbildungen und Förderprogramme in ihrem Unternehmen gefördert und gefordert werden (Tabelle 5.51).

Die Förderung durch eine firmeninterne Akademie oder durch eine Fach- oder Führungskarriere wurden ebenfalls aufgeführt.

Tabelle 5.50 Ergebnisse F09-Exp: Deskriptive Verteilung der Ergebnisse

Antwortmöglichkeiten	Beantwortungen	
Nein	0,00 %	n = 0
Nur, wenn Bedarf an Fach- oder Führungskräften vorhanden ist.	0,00 %	n = 0
Ja, durch welche Maßnahmen?	100,00 %	n = 11
	Antworten	**n = 11**

Auf die Frage, ob „Talente" in den Unternehmen durch spezielle Maßnahmen gefördert und gefordert werden, haben sechs (n = 6) Experten angegeben, dass die „Talente" durch Weiterbildungen gefördert und gefordert werden. Bei drei der befragten Experten (n = 3) existieren spezielle Traineeprogramme / Berufsausbildung / Förderprogramme. Jeweils zwei Experten (n = 2) haben angegeben, dass eine firmeninterne Akademie besteht oder den Mitarbeitern Fach- und Führungskarrieremöglichkeiten zur Verfügung stehen.

Tabelle 5.51 Ergebnisse F09-Exp: Experteninterview Frage 9, Kategorisierung der Antworten. (Eigene Darstellung)

F09-Exp: Werden „Talente" in Ihrem Unternehmen durch spezielle Maßnahmen gefördert und gefordert?		Kat. 1 Weiterbildungen	Kat. 2 Firmeninterne Akademie	Kat. 3 Traineeprogramme / Berufsausbildung / Förderprogramme etc.	Kat. 4 Fachkarriere / Führungskarriere
Nr.	Antworten				
1	Regelmäßige Weiterbildungen, persönlicher AP	X			
2	Durch interne und externe Weiterbildungsangebote	X			
3	Im Rahmen unserer Akademie.		X		
4	Berufsausbildung und Traineeprogramm			X	
5	Weiterschulungen	X			
6	individuell – vor allem Personen nach ihren Fähigkeiten einsetzen	X			
7	Weiterbildung in den relevanten Bereichen. Personalgespräche	X			
8	Besondere Programme.			X	
9	Förderprogramme. Karrierewege, Fachkarriere oder Führungskarriere eingeführt.			X	X
10	Fach- und Führungskarriere, gezielte Entwicklungspfade.	X			X
11	Trainee Ausbildung durch Konzern, Mitarbeiterentwicklungsprogramme		X	X	
		n = 6	**n = 2**	**n = 4**	**n = 2**

F10-Exp: „Haben Ihre Führungskräfte im Vertrieb spezielle Ausbildungen, die sie dazu befähigen, Personal zu führen? (Lehrgänge, Studium etc.)" (Abbildung 5.36)

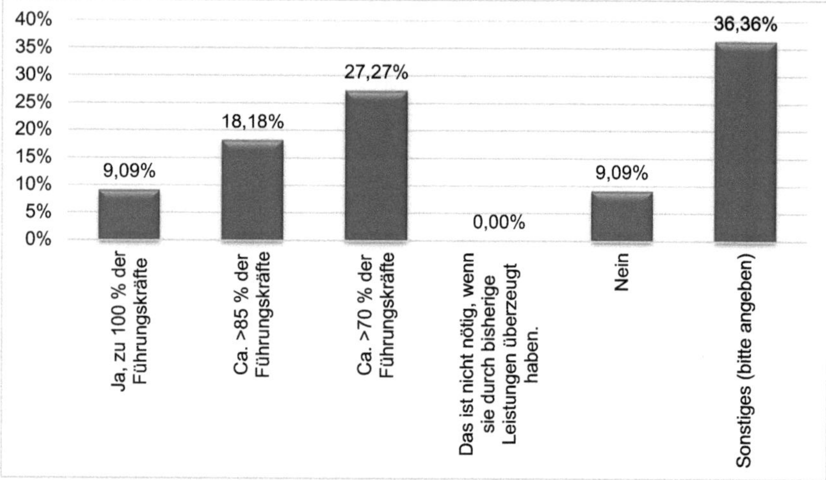

Abbildung 5.36 Ergebnisse F10-Exp: Vorhandene Ausbildung der Führungskräfte zum Führen der Generation Z

27,27 Prozent der befragten Personen gaben an, dass weniger als 70 Prozent der eingesetzten Führungskräfte eine spezielle Ausbildung haben, die sie zum Führen der Generation Z befähigt (Tabelle 5.52 und 5.53).

Tabelle 5.52 Ergebnisse F10-Exp: Deskriptive Verteilung der Ergebnisse

Antwortmöglichkeiten	Beantwortungen	
Ja, zu 100 % der Führungskräfte	9,09 %	n = 1
Ca. >85 % der Führungskräfte	18,18 %	n = 2
Ca. >70 % der Führungskräfte	27,27 %	n = 3
Das ist nicht nötig, wenn sie durch bisherige Leistungen überzeugt haben.	0,00 %	n = 0
Nein	9,09 %	n = 1
Sonstiges (bitte angeben)	36,36 %	n = 4
	Antworten	**n = 11**

Tabelle 5.53 Ergebnisse F10-Exp: Kategorisierung der Antworten

F10-Exp: Haben Ihre Führungskräfte im Vertrieb spezielle Ausbildungen, die sie dazu befähigen, Personal zu führen? (Lehrgänge, Studium etc.)		Kat. 1 Nachholbedarf	Kat. 2 >60 %	Kat. 3 Nein	Kat. 4 Versch. Ausbildungen
Nr.	Antworten				
1	Zu wenig, dringender Nachholbedarf	X			
2	60 %		X		
3	Grundsätzlich nein.			X	
4	Verschiedene Ausbildungen / Schulungen				X

F11-Exp: „Wie viele Führungskräfte im Vertrieb hat Ihr Unternehmen im Innen- und Außendienst?“ (Abbildung 5.37)

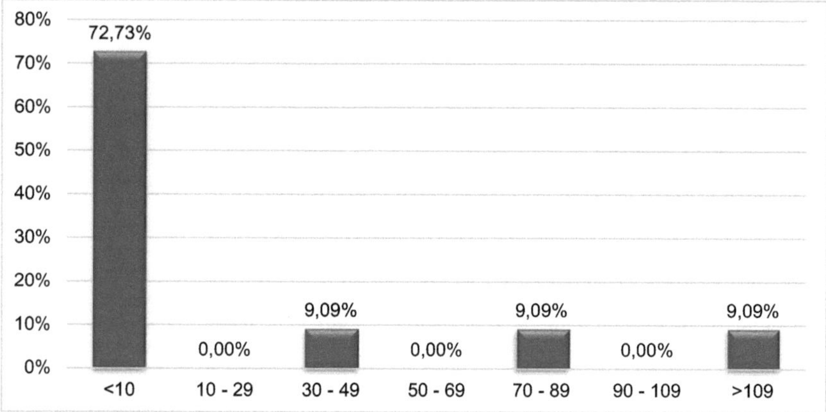

Abbildung 5.37 Ergebnisse F11-Exp: Anzahl der Führungskräfte im Vertreib im Unternehmen

Acht der elf befragten Personen (72,73 Prozent) haben weniger als 10 Führungskräfte im Vertriebsinnen- und Außendienst ihres Unternehmens. Jeweils 9,09 Prozent haben 30–49, 70–89 und über 109 Führungskräfte im Vertriebsinnen- und Außendienst ihres Unternehmens (Tabelle 5.54).

Tabelle 5.54 Ergebnisse F11-Exp: Deskriptive Verteilung der Ergebnisse

Antwortmöglichkeiten	Beantwortungen	
<10	72,73 %	n = 8
10–29	0,00 %	n = 0
30–49	9,09 %	n = 1
50–69	0,00 %	n = 0
70–89	9,09 %	n = 1
90–109	0,00 %	n = 0
>109	9,09 %	n = 1
	Antworten	**n = 11**

F12-Exp: „Wie viele Vertriebsmitarbeiter haben Sie aktuell in Ihrem Unternehmen?“ (Abbildung 5.38)

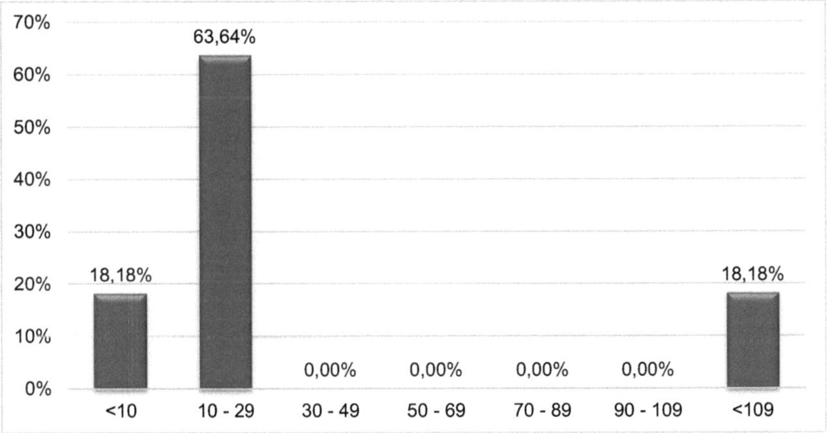

Abbildung 5.38 Ergebnisse F12-Exp: Anzahl der Vertriebsmitarbeiter im Unternehmen

Bei dieser Frage gaben 63,64 Prozent an, 10–29 Vertriebsmitarbeiter im Unternehmen zu haben. Bei 18,18 Prozent sind weniger als 10 Vertriebsmitarbeiter tätig und 18,18 Prozent der Befragten gaben an, mehr als 109 Vertriebsmitarbeiter im Unternehmen zu haben (Tabelle 5.55).

Tabelle 5.55 Ergebnisse F10-Exp: Deskriptive Verteilung der Ergebnisse

Antwortmöglichkeiten	Beantwortungen	
<10	18,18 %	n = 2
10–29	63,64 %	n = 7
30–49	0,00 %	n = 0
50–69	0,00 %	n = 0
70–89	0,00 %	n = 0
90–109	0,00 %	n = 0
<109	18,18 %	n = 2
	Antworten	**n = 11**

F13-Exp: „Gibt es weitere Maßnahmen, welche Sie zukünftig ergreifen / entwickeln wollen, um die Generation Z an Ihr Unternehmen zu binden?“ (Abbildung 5.39)

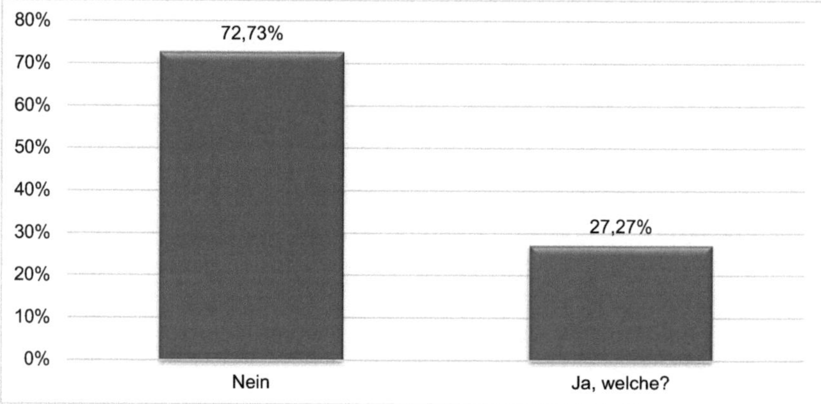

Abbildung 5.39 Ergebnisse F13-Exp: Geplante Maßnahmen, welche umgesetzt werden sollen, um die Generation Z an das Unternehmen zu binden

72,73 Prozent der befragten Personen gaben an, zukünftig keine weiteren Maßnahmen zu ergreifen, um die Generation Z an ihr Unternehmen zu binden. Bei 27,27 Prozent, werden zukünftig weitere Maßnahmen eingeleitet, um die Generation Z an das Unternehmen zu binden. Auch bei den freien Antworten sind Work-Life-Balance, Fachkarriere, mobiles Arbeiten und Digitalisierung zukünftige Themen bei den befragten Personen (Tabelle 5.56 und 5.57).

Tabelle 5.56 Ergebnisse F13-Exp: Deskriptive Verteilung der Ergebnisse

Antwortmöglichkeiten	Beantwortungen	
Nein	72,73 %	n = 8
Ja, welche?	27,27 %	n = 3
	Antworten	**n = 11**

Tabelle 5.57 Ergebnisse F13-Exp, Kategorisierung der Antworten

F13-Exp: Gibt es weitere Maßnahmen, welche Sie zukünftig ergreifen / entwickeln wollen, um die Generation Z an Ihr Unternehmen zu binden?		Kat. 1 Fachkarriere	Kat. 2 Neue Bonusmodelle	Kat. 3 Mitarbeiter werben Mitarbeiter Modelle	Kat. 4 Mobiles Arbeiten	Kat. 5 Digitalisierung	Kat. 6 Work-Life-Balance
Nr.	Antworten						
1	Einführung von Fachkarrierekonzepten und Anpassung der Bonusmodelle an die „neuen“ Anforderungen	X	X				
2	noch mehr versuchen über vorhandene Mitarbeiter an neue Bewerber zu kommen			X			
3	Mobiles Arbeiten, Digitalisierung und Vereinbarkeit Familie und Beruf				X	X	X

Bei der Frage welche Maßnahmen zukünftig ergriffen werden sollen, um die Generation Z an das Unternehmen zu binden, haben drei Experten (n = 3) die Einführung einer Fachkarriere, neue Bonusmodelle, Mitarbeiter werben Mitarbeiter, mobiles Arbeiten, Digitalisierung und die Einführung eines Work-Life-Balance-Modells jeweils einmal genannt.

F14-Exp: „Weitere Anmerkungen oder Bedenken ihrerseits." (Tabelle 5.58)

Tabelle 5.58 Ergebnisse F14-Exp: Anmerkungen und Bedenken

Antworten	n = 5
Übersprungen	n = 6

Bei der letzten Frage, bei der die befragten Personen die Möglichkeit hatten, weitere Anmerkungen oder Bedenken zu äußern wurden die in Tabelle 5.59 aufgelisteten Bemerkungen eingetragen. Diese lassen sich nicht kategorisieren und werden deshalb als Freitext dargestellt.

Tabelle 5.59 Ergebnisse F14-Exp: Anmerkungen und Bedenken. Freie Antworten

F14-Exp:
Weitere Anmerkungen oder Bedenken ihrerseits.

Nr.	Antworten
2	Die Generation Z hat deutlich andere Anforderungen an ihren Arbeitsplatz als die Generationen davor. Noch nie waren die Lebensarbeitszeit so schlecht abschätzbar und die Veränderungen so schnell, wie aktuell.
3	Für die Generation Z gelten andere Werte im Hinblick auf beruflichen Ehrgeiz und Work Life Balance im Vergleich zur Generation X. Es ist aber auch so, dass diese Generation meist sehr gut ausgebildet ist und mit modernen Medien in der Regel sehr effizient arbeitet.

5.4 Prüfung der Hypothesen

Nachfolgend werden die aufgestellten Hypothesen aus Kapitel 5 bestätigt oder widerlegt. Die Grundlage hierfür bilden die die Befragung von 215 Angehörigen der Generation Z (n = 215), die Befragung der Führungskräfte mit 64 befragten Personen (n = 64) und die Experteninterviews mit Führungskräften und HRM mit insgesamt 11 (n = 11) interviewten Personen.

H1:

Im deutschen Baumaschinenvertrieb können die Bedürfnisse der Generation Z im Außen- und Innendienst berücksichtigt werden.

In der ersten Hypothese wird davon ausgegangen, dass die Bedürfnisse der Generation Z im deutschen Baumaschinenvertrieb berücksichtigt werden können.

Bei der Befragung der Führungskräfte im Baumaschineninnen- und Außendienst gaben 36 Prozent (n = 23) an, dass 75 Prozent der Bedürfnisse der Generation Z erfüllt werden können. 33 Prozent (n = 21) sind der Meinung das lediglich 50 Prozent der Bedürfnisse erfüllt werden können und 16 Prozent (n = 10) gehen davon aus, dass 100 Prozent der Bedürfnisse im Baumaschineninnen- und Außendienst erfüllt werden können. Jeweils 8 Prozent (n = 5) sind der Auffassung, dass lediglich 25 Prozent erfüllbar sind, bzw. es nicht möglich ist, die Erwartungen dieser Generation zu berücksichtigen.

Da 52 Prozent (n = 23) Führungskräfte der Ansicht sind, dass die Erwartungen der Generation Z über 75 Prozent erfüllt werden können, ist anzunehmen, dass die aufgestellte Hypothese bestätigt werden kann.

H2:

Die aktuell eingesetzten Führungskräfte im Baumaschineninnen- und -außendienst sind der Meinung, dass auf die Bedürfnisse der Generation Z eingegangen werden soll.

Bei der zweiten aufgestellten Hypothese wird davon ausgegangen, dass die aktuell eingesetzten Führungskräfte im Baumaschineninnen- und -außendienst der Auffassung sind, dass auf die Bedürfnisse der Generation Z eingegangen werden soll.

Wie in Tabelle 5.28 aufgezeigt, haben 60,32 Prozent der befragten Führungskräfte bestätigt, dass sie dieser Ansicht sind. 39,68 Prozent waren der Auffassung, dass das dies nicht nötig ist und alle Generationen bei ihnen gleichbehandelt werden.

Dies legt nahe, dass die aufgestellte Hypothese anzunehmen ist.

H3:

Wenn Mitarbeitern der Generation Z eine individuelle Karriereplanung innerhalb des Unternehmens angeboten wird, ist die Bereitschaft im Unternehmen zu verbleiben höher, wenn dieses Angebot besser ist als das von Konkurrenzunternehmen.
Bei der dritten aufgestellten Hypothese wird davon ausgegangen, dass Mitarbeiter der Generation Z, denen eine individuelle Karriereplanung innerhalb des Unternehmens angeboten wird, eine höhere Bereitschaft haben im eigenen Unternehmen zu bleiben.

Bei der Befragung von 213 Personen aus der Generation Z haben 57 Prozent (n = 122) geantwortet, dass sie sich über mögliche andere Arbeitgeber informieren würden, wenn sie keine Aufstiegsmöglichkeiten sehen. 22 Prozent (n = 47) haben angeben, dass sie mittelfristig (1–3 Jahre) abwarten würden und dann erst eine Entscheidung fällen würden. 9 Prozent (n = 19) warten bis ein potenzieller Arbeitgeber auf sie zukommt und 6 Prozent (n = 13) würden definitiv kündigen. Lediglich bei 6 Prozent (n = 12) wäre eine fehlende Karriereplanung kein Grund das Unternehmen zu wechseln.

Da 63 Prozent (n = 135) sofort kündigen würden bzw. sich über potenzielle neue Arbeitgeber erkundigen würden, 9 Prozent (n = 19) aufgrund eines Angebotes eines neuen potenziellen Arbeitgebers das Unternehmen wechseln würden, wenn sie keine individuelle Karriereplanung erhalten würden und nur 28 Prozent (n = 59) mittelfristig abwarten würden bzw. eine Kündigung keine Option wäre, ist die hier aufgestellte Hypothese als sehr wahrscheinlich richtig einzustufen.

H4:

Die Generation Z ist wegen ihres Alters und der – damit verbunden – tendenziell höheren Freiheit zur Lebensgestaltung eher bereit, aufgrund von attraktiven Entlohnungsmodellen den Arbeitgeber zu wechseln.

In dieser Hypothese wird davon ausgegangen, dass die Generation Z aufgrund von attraktiveren Entlohnungsmodellen bereit ist, den Arbeitgeber zu wechseln.

Bei der Befragung von 215 Personen aus der Generation Z haben 47 Prozent (n = 47) der Personen angegeben, dass sie sich bei einem besseren Gehaltsmodell die Situation ganz genau anschauen würden, 33 Prozent (n = 71) würden „höchstwahrscheinlich schon" den Arbeitgeber wechseln und 16 Prozent (n = 34) würden sofort den Arbeitgeber wechseln. Bei 3 Prozent (n = 6) der befragten Personen wäre ein besseres Gehaltsmodell „eher nicht" ein Grund, den Arbeitgeber zu wechseln und bei 1 Prozent (n = 2) der Befragten wäre dies kein Grund für einen Wechsel durchzuführen.

Da 49 Prozent (n = 105) der befragten Personen mit „höchstwahrscheinlich schon" bzw. „ja sofort" die Frage beantwortet haben, 47 Prozent (n = 99) „sich dies ganz genau anschauen" würden und lediglich 4 Prozent (n = 8) dies „eher nicht" bzw. mit „nein" geantwortet haben liegt es nahe, die hier aufgestellte Hypothese anzunehmen.

H5:

Die Generation Z ist wegen ihres Alters und der – damit verbunden – tendenziell höheren Freiheit zur Lebensgestaltung eher bereit, aufgrund von attraktiven Work-Life-Balance-Modellen den Arbeitgeber zu wechseln.

In der fünften aufgestellten Hypothese wird davon ausgegangen, dass die Generation Z aufgrund von attraktiveren Work-Life-Balance-Modellen eher bereit ist, den Arbeitgeber zu wechseln.

Bei der Befragung von 215 Personen aus der Generation Z haben 43 Prozent (n = 91) angegeben „höchstwahrscheinlich schon" den Arbeitgeber aufgrund eines besseren Work-Life-Balance-Modell zu wechseln. 26 Prozent (n = 55) würden sofort einen Wechsel durchführen und 24 Prozent (n = 52) würden sich dies „ganz genau anschauen". Lediglich 4 Prozent (n = 9) würden „eher nicht" wechseln und bei 3 Prozent wäre ein besseres Work-Life-Balance-Modell kein Grund den Arbeitgeber zu wechseln.

Aufgrund der Tatsache, dass insgesamt über 69 Prozent (n = 146) der befragten Personen einen Wechsel „höchstwahrscheinlich schon" bzw. „ja sofort" durchführen würden, ist anzunehmen, dass die hier aufgestellte Hypothese als sehr wahrscheinlich einzustufen ist.

H6:

Führungskräfte im Baumaschinenvertriebsinnen- und -außendienst müssen zum Führen von Mitarbeitern der Generation Z speziell geschult werden.

Bei der hier aufgestellten Hypothese wird davon ausgegangen, dass die eingesetzten Führungskräfte im Baumaschinenvertriebsinnen- und -außendienst speziell zum Führen von Mitarbeitern der Generation Z geschult werden müssen.

Bei der Befragung der definierten Experten (Geschäftsführer, COO, Vertriebsleiter) zu diesem Thema gaben 72,73 Prozent (n = 8) an, dass eine spezielle Schulung zum Führen von Mitarbeitern der Generation Z nötig sei. 27,27 Prozent (n = 3) sind der Auffassung, dass hierzu keine spezielle Schulung nötig ist (Tabelle 5.44).

Aufgrund der hier durchgeführten Expertenbefragung ist davon auszugehen, dass die aufgestellte Hypothese H6 anzunehmen ist.

H7:

Wenn Mitarbeiter der Generation Z das Unternehmen aufgrund eines besseren Gehaltsmodells wechseln, werden sie auch das Unternehmen für ein besseres Work-Life-Balance-Modell verlassen.

Um zu testen, ob ein Zusammenhang zwischen dem Wechsel des Arbeitgebers aufgrund eines besseren Gehaltsmodells und dem Wechsel aufgrund eines besseren Work-Life-Balance-Modelles besteht, wurde eine Spearman-Rangkorrelation durchgeführt. Zwischen den beiden Variablen besteht ein signifikanter, mittlerer Zusammenhang (Tabelle 5.60 und 5.61).

Tabelle 5.60 Korrelationskoeffizient Hypothese 7

Korrelationen

			Wäre ein besseres Gehaltsmodell ein Grund für Sie, den Arbeitgeber zu wechseln?	Wäre ein besseres Work-Life-Balance-Modell ein Grund für Sie, den Arbeitgeber zu wechseln?
Spearman-Rho	Wäre ein besseres Gehaltsmodell ein Grund für Sie, den Arbeitgeber zu wechseln?	Korrelationskoeffizient	1,000	,307**
		Sig. (2-seitig)	.	<,001
		N	213	213
	Wäre ein besseres Work-Life-Balance-Modell ein Grund für Sie, den Arbeitgeber zu wechseln?	Korrelationskoeffizient	,307**	1,000
		Sig. (2-seitig)	<,001	.
		N	213	213

**. Die Korrelation ist auf dem 0,01 Niveau signifikant (zweiseitig).

Tabelle 5.61 Stärke der Korrelation

Betrag von r	Stärke des Zusammenhangs
$0{,}00 \leq r < 0{,}10$	Kein Zusammenhang
$0{,}10 \leq r < 0{,}30$	Geringer Zusammenhang
$0{,}30 \leq r < 0{,}50$	Mittlerer Zusammenhang
$0{,}50 \leq r < 0{,}70$	Hoher Zusammenhang
$0{,}70 \leq r < 1{,}00$	Sehr hoher Zusammenhang

Es besteht somit ein gewisser Zusammenhang zwischen dem Unternehmenswechsel aufgrund eines besseren Gehaltsmodells und dem Unternehmenswechsel aufgrund eines besseren Work-Life-Balance-Modells. Dieser schwache Zusammenhang bedeutet, dass von den Ausprägungen der Variable Gehaltsmodell nur gering auf die Variable Work-Life-Balance-Modell geschlossen werden kann. Es ist somit nicht ratsam, in der Praxis Rückschlüsse aufgrund dieser beiden Variablen zu ziehen.

6 Diskussion

Der aktuelle Generationswechsel am Arbeitsmarkt bringt viele offene Fragen über die kommende Generation Z mit sich. Die Erwartungen und Bedürfnisse an Arbeitgeber werden sich denen der vorangegangenen Generationen unterscheiden. Speziell bei komplexen Vertriebsorganisationen wie dem Baumaschinenvertrieb werden sich die Unternehmen auf die neue Generation einstellen und alte Strukturen an die gegebene Situation anpassen müssen.

Die gestellte Forschungsfrage lautete:

Inwiefern werden die Bedürfnisse der Generation Z und ihre Anforderungen an die Führung innerhalb des Außen- und Innendienstes im deutschen Baumaschinenvertrieb berücksichtigt und in ihrem Arbeitsalltag umgesetzt?

Das Hauptziel, welches die Generation Z mit der Arbeit verfolgt, ist die Finanzierung des eigenen Lebens. Dies gaben 56 Prozent der befragten Zielgruppen (Abschn. 2.1.4, Abbildung 2.4) in der durch YouGov durchgeführten Studie 2023 an.

Betrachtet man die Ergebnisse aus der hier durchgeführten Umfrage bei der Generation Z zum Thema Arbeitgeberwechsel aufgrund eines besseren Gehaltsmodells, so zeigt sich, dass diese Bereitschaft identisch mit anderen Studien ist. Bei der durch YouGov in 2023 durchgeführten Studie (Abschn. 2.1.4, Abbildung 2.2), wurde wie in der hier durchgeführten Studie (Abschn. 5.1, Abbildung 5.6) eine Wechselbereitschaft der Generation Z aufgrund eines besseren Gehaltsmodells von 49 Prozent ermittelt.

In der von YouGov durchgeführten Studie wurde festgestellt, dass die Wechselbereitschaft der Generation Z bei einem entsprechenden Angebot durch einen potenziellen Arbeitgeber auf 78 Prozent ansteigt (Abschn. 2.1.4, Abbildung 2.5).

T. Nebgen, *Führen der Generation Z im Vertrieb*,
https://doi.org/10.1007/978-3-658-45418-0_6

Aus der Befragung der eingesetzten Führungskräfte im Baumaschinenvertrieb wird ersichtlich, dass 60,32 Prozent der befragten Führungskräfte (Abschn. 5.2, Abbildung 5.25) einen Arbeitgeberwechsel der Generation Z aufgrund eines höheren Gehalts für wahrscheinlich halten.

Auch die Work-Life-Balance spielt bei der Generation Z eine zentrale Rolle. In der von YouGov durchgeführten Studie 2023 gaben 74 Prozent (Abschn. 2.1.4, Abbildung 2.3) der befragten Personen der Generation Z an, dass sie sich flexible Arbeitszeiten sowie eine 4-Tage-Woche wünschen.

In der hier vorliegenden Studie gaben 68,54 Prozent (Abschn. 5.1, Abbildung 5.7) der befragten Generation Z-Probanden an, dass ein besseres Work-Life-Balance-Modell ein Grund ist, den Arbeitgeber sofort bzw. höchstwahrscheinlich zu wechseln.

Auch den eingesetzten Führungskräften ist dies bewusst. Insgesamt gehen 90,48 Prozent (Abschn. 5.2, Abbildung 5.25) davon aus, dass ein besseres Work-Life-Balance-Modell ein Grund für die Mitarbeiter der Generation Z ist, den Arbeitgeber zu wechseln. 69,84 Prozent (Abschn. 5.2, Abbildung 5.26) der befragten Führungskräfte gehen davon aus, dass ein flexibles Arbeitszeitmodell im Vertriebsaußendienst sowie im Vertriebsinnendienst umsetzbar ist. In der durch YouGov durchgeführten Studie 2023, wurden die Probanden der Generation Z befragt, ob ein Arbeitgeberwechsel aufgrund mehr Flexibilität im Beruf ein ausschlaggebender Grund sei. 67 Prozent antworteten mit „stimme ich voll und ganz bzw. eher zu".

Um Mitarbeiter der Generation Z an das Unternehmen zu binden, darf die individuelle Karriereplanung nicht vernachlässigt werden. Im *New Work Trendreport* (Randstad Deutschland 2021) gaben 53 Prozent (Abschn. 2.1.3, Tabelle 2.2) der befragten Teilnehmer der Generation Z an, dass sie Karriere im Unternehmen machen möchten. In der durch STATISTA durchgeführten Umfrage 2022 (Abschn. 2.1.5, Abbildung 2.7) nach der Wertorientierung und Lebenseinstellung verschiedener Generationen, gaben 65,5 Prozent der befragten Personen der Generation Z an, dass ihnen der Erfolg im Beruf wichtig ist.

Bei Frage 5 (Abschn. 5.1, Tabelle 5.7) an die Generation Z wurde gefragt, was ihnen im Beruf wirklich wichtig ist. Die vorgegebenen Items sollten in einem persönlichen Ranking benannt werden. 15,20 Prozent setzten „Karriere machen" auf Platz eins. Jeweils mit 18,63 Prozent wurde Platz zwei und drei benannt. Somit war bei 52,46 Prozent der befragten Personen das Thema Karriere machen unter den ersten drei Plätzen.

63,38 Prozent (Abschn. 5.1, Abbildung 5.8) gaben an, dass sie, wenn sie keine Aufstiegsmöglichkeiten aufgezeigt bekommen, kündigen oder sich über andere Arbeitgeber informieren werden. 8,92 Prozent wären bereit zu kündigen, wenn ein potenzieller Arbeitgeber auf sie zukommen würde. Lediglich 5,63 Prozent bleiben dem Unternehmen trotz fehlender Aufstiegsmöglichkeiten treu und würden nicht kündigen. Bei der Befragung der Führungskräfte im Baumaschinenvertrieb gehen 53,97 Prozent (Abschn. 5.2, Abbildung 5.25) davon aus, dass Mitarbeiter der Generation Z bei fehlenden Aufstiegsmöglichkeiten das Unternehmen verlassen würden. Die Wichtigkeit einer individuellen Karriereplanung für die Mitarbeiter der Generation Z ist den Führungspersonen somit bekannt.

81,82 Prozent (Abschn. 5.3, Abbildung 5.28) der befragten Experten gehen davon aus, dass der demografische Wandel negative Auswirkungen auf die Gewinnung von Fach- und Führungskräften für das eigene Unternehmen hat. 90,91 Prozent (Abschn. 5.3, Abbildung 5.29) der Experten und 61,29 Prozent (Abschn. 5.2, Abbildung 5.17) der Führungskräfte sind sich bewusst, dass die Generation Z andere Erwartungen und Anforderungen an die Unternehmen hat als vorangegangenen Generationen, auf welche sie reagieren müssen. Aus Sicht der Experten (72,73 Prozent, Abschn. 5.3, Abbildung 5.33) müssen die eingesetzten Führungskräfte auf den Umgang mit dieser Generation vorbereitet bzw. vorbereitet werden.

Bei der Frage, inwieweit die Anforderungen und Erwartungen der Generation Z im eigenen Unternehmen erfüllt werden, haben 11,29 Prozent der Führungskräfte mit „sehr gut“ geantwortet, 33,87 Prozent sind überzeugt, dass diese „gut“ erfüllt werden und 54,84 Prozent gehen davon aus, dass die Anforderungen und Erwartungen der Generation „befriedigend“ oder schlechter erfüllt werden (Abschn. 5.2, Abbildung 5.19). Dies spiegelt auch die Frage wider, ob die Führungskräfte durch Schulungen oder Seminare auf die neue Generation geschult wurden. Hier gaben 69,35 Prozent (Abschn. 5.2, Abbildung 5.12) der befragten Führungskräfte an, dass sie keinerlei Schulungen oder Seminare erhalten haben.

61,54 Prozent der Führungskräfte sind davon überzeugt, dass auf die Generation Z speziell eingegangen werden sollte.

Die vorliegenden Ergebnisse zeigen auf, dass sowohl den befragten Experten als auch den Führungskräften überwiegend bewusst ist, dass es spezieller Maßnahmen bedarf, um die Generation Z langfristig an die Unternehmen zu binden.

In der vorliegenden Studie wurden Experten und Führungskräfte, die direkt im Baumaschinenvertrieb tätig sind, zu ihrer Einschätzung über die Generation Z befragt. Die gewonnenen Daten spiegeln ein realistisches Bild der Situation wider. Bei der Befragung von Personen aus der Generation Z stellte sich die Situation schwieriger dar. Da zum heutigen Zeitpunkt noch zu wenige Personen dieser Generation im Baumaschinenvertrieb tätig sind, wurde die Umfrage auf alle

Personen der Generation Z, auch außerhalb des Baumaschinenvertriebs, durchgeführt. Die gewonnenen Daten aus dieser Umfrage sind somit allgemeingültig und nicht speziell für den Baumaschinenvertrieb.

Die Umfrage mit Personen aus der Generation Z, welche im Baumaschinenvertrieb tätig sind, sollte zu einem späteren Zeitpunkt erneut durchgeführt werden.

Die Ergebnisse aus dieser Studie, sowie aus vorangegangenen Studien, zeigen, dass die Arbeitgeber auf die Anforderungen und Erwartungen der Generation Z eingehen sollten. Um zukünftige Fach- und Führungskräfte anzuwerben und langfristig im Unternehmen zu halten, müssen geeignete Work-Life-Balance-Modelle, individuelle Karriere- und Gehaltsmodelle sowie Ausbildungen für die Führungskräfte im Umgang mit dieser Generation integriert werden.

Aus der vorangegangenen Literaturrecherche, sowie aus den durchgeführten Befragungen können folgende Handlungsempfehlungen für Unternehmen und Führungskräfte, die Mitarbeiter der Generation Z beschäftigen, abgeleitet werden (Tabelle 6.1):

Tabelle 6.1 Abgeleitete Handlungsempfehlungen aufgrund der Erwartungen der Generation Z. (Eigenen Darstellung)

Erwartungen der Generation Z	Ableitung von Handlungsempfehlungen
Work-Life-Balance	• Flexible Arbeitszeiten • Die Möglichkeit zur Teilzeitarbeit • Planbare Arbeitszeiten • Gleitzeit • Arbeitszeitkonto • Vertrauensarbeitszeit • Planbarer Urlaub/Freizeit • Homeoffice
Vergütung / Gehalt	• Regelmäßige Lohnanpassungen • Leistungsabhängiges Gehalt • Unternehmenserfolgsbeteiligungen • Bonusprogramme • Zulagen für bestimmte Tätigkeiten • Zusatzleistungen durch den Arbeitgeber: Firmenwagen, Fortbildungszuschüsse usw.

(Fortsetzung)

Tabelle 6.1 (Fortsetzung)

Erwartungen der Generation Z	Ableitung von Handlungsempfehlungen
Karriere und Weiterentwicklung	• Individuelle Karriereplanung • Karrieremöglichkeiten: Führungskarriere, Fachkarriere und Mosaikkarriere anbieten • Kariere-Entwicklungspläne • Regelmäßige Entwicklungsgespräche • Angebot von internen und externen Weiterbildungen • Talentmanagement / Assessment Center / Potenzialanalysen
Mobiles Arbeiten	• Homeoffice • Remote Work • Selbstmanagement • Moderne Kommunikationstools • Flexible Arbeitsstrukturen • Vertrauen und Eigenverantwortung • Neueste Technik: Laptop, Smartphone; Software usw. • Cloud-basierte Anwendungen
Führungskräfte	• Schulungen und Workshops zum Thema: Generation Z • Moderne Führungsstile • Erwartungen und Forderungen der Generation Z an die Unternehmen und Führungskräfte • Individuelle Führung
Aufmerksamkeit der Generation Z erlangen und sich als attraktives Unternehmen präsentieren.	• Verschiedene Kanäle nutzen: **Soziale Netzwerke:** Instagramm, TikTok, Facebook, YouTube **Business Netzwerke:** LinkedIn, XING usw. • Messen, Schulen Universitäten und Fachhochschulen • Mitarbeiter werben Freunde Programme: Prämienprogramme

6.1 Organisationale Ableitung der gewonnenen Erkenntnisse

Organisationale Ableitung der gewonnenen Erkenntnisse

Der Arbeitsmarkt befindet sich zum heutigen Zeitpunkt mitten in einem Generationswechsel. In Abschn. 6.1, Abbildung 6.1 wird aufgezeigt, dass die Generation

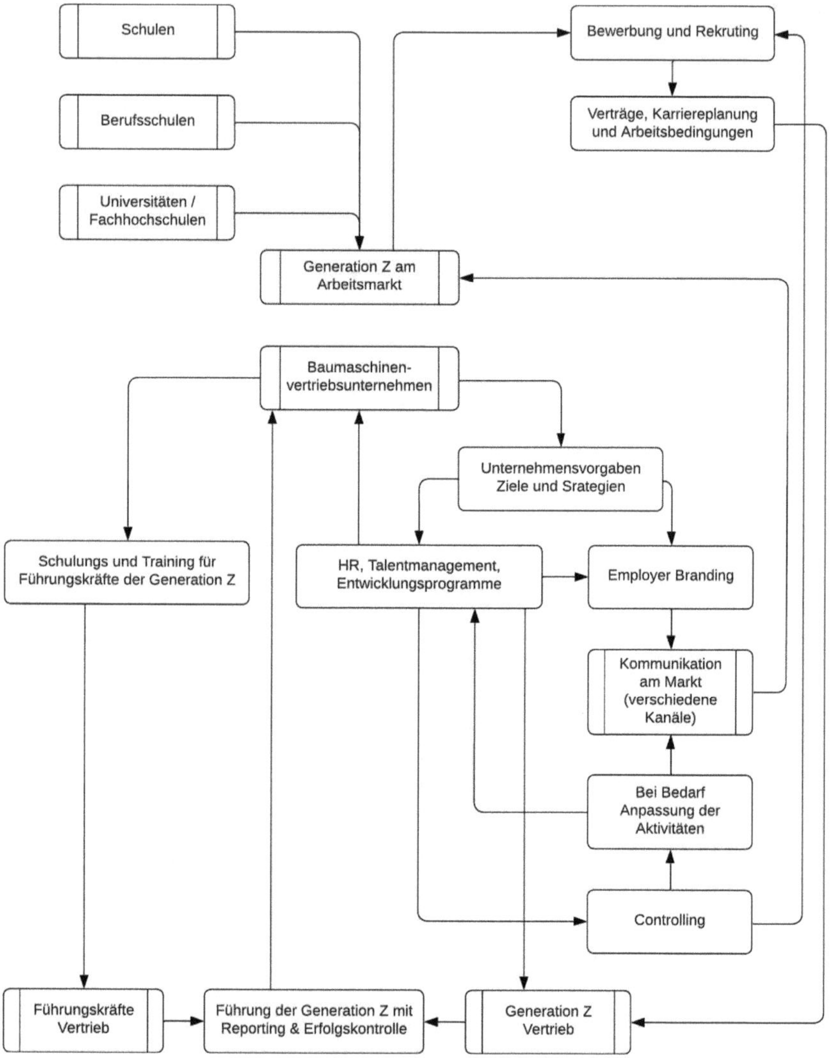

Abbildung 6.1 Organisationale Ableitung der gewonnenen Erkenntnisse. Eigene Darstellung

Z nach Schule, Berufsschule und Universität den Arbeitsmarkt betritt und den Unternehmen zur Verfügung steht.

Da es für die Unternehmen immer schwieriger wird, Fach- und Führungskräfte auf dem Arbeitsmarkt zu finden und anzuwerben, weiß die Generation Z genau, was sie am Arbeitsmarkt wert ist und welche Chancen für sie daraus entstehen können.

Durch ein gezieltes Employer Branding (Arbeitgebermarkenbildung), können sich die Unternehmen als attraktive Arbeitgeber am Markt positionieren und ihre Marke weiter ausbauen. Die Kommunikation sollte sowohl intern als auch extern stattfinden, um das Employer Branding stetig auszubauen (Abbildung 6.2).

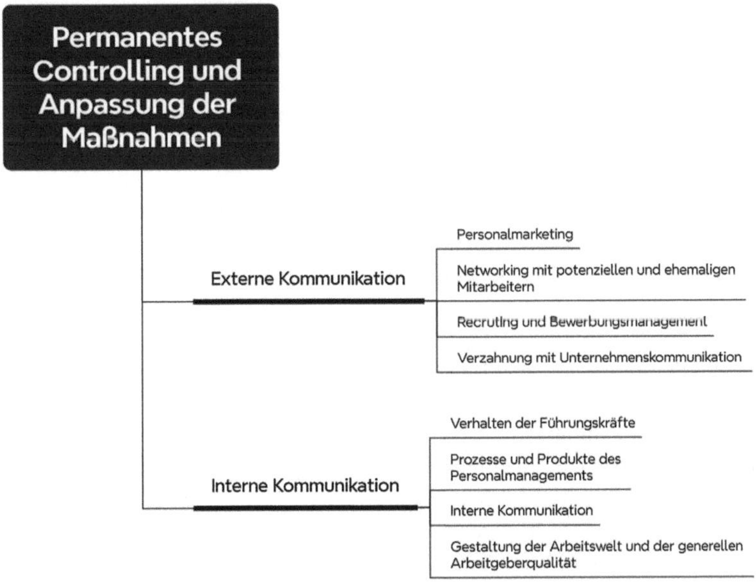

Abbildung 6.2 Employer Branding: Interne und externe Kommunikation[1]

Bei der externen Kommunikation sollten die Kanäle genutzt werden, welche die Generation Z bevorzugt, um eben diese auf das Unternehmen aufmerksam zu machen. Social-Media-Kanäle wie TikTok, Instagramm und X (Twitter) sind nur einige der Kanäle, welche durch die Unternehmen genutzt werden können.

[1] Vgl. DEBA Deutsche Employer Branding Akademie GmbH (2023), Zugriff: 07.01.2024.

Eine Kooperation mit Influencern, die eine große Reichweite aufweisen und die passenden Zielgruppen ansprechen (z. B. technisch affine Menschen), kann die Generation Z auf die Unternehmen aufmerksam machen. Besonders durch ökologisches und ethisches Handeln kann die Nachhaltigkeit der Unternehmen am Markt kommuniziert werden. Speziell durch ausdrucksstarke Videos und Bilder, welche die Bedürfnisse und Erwartungen der Generation Z widerspiegeln, kann die Aufmerksamkeit dieser Generation geweckt werden. Ebenfalls sollte ein Networking mit potenziellen, aber auch ehemaligen Arbeitnehmern stattfinden, um das Potenzial an Arbeitnehmern bestmöglich auszuschöpfen.

Durch diese gezielten Maßnahmen hebt sich ein Unternehmen von dem Arbeitsmarkt, sowie von seinen Mitbewerbern positiv ab und weckt das Interesse von potenziellen Arbeitnehmern.

Um die potenziellen Arbeitnehmer der Generation Z anzuwerben, müssen diesen Karriereprogramme, und aus Sicht der Generation Z, attraktive Verträge angeboten werden. Attraktive Gehalts- und Bonusmodelle, mobiles Arbeiten und Entwicklungsmöglichkeiten sollten hierbei beachtet werden, um die Mitarbeiter langfristig an das Unternehmen zu binden.

Um zu überprüfen, ob die eingeleiteten Maßnahmen Wirkung zeigen, ist ein regelmäßiges Controlling nötig.

Über folgende Kennzahlen kann die Wirkung der Maßnahmen überprüft werden:

- Anzahl der Initiativbewerbungen
- Anzahl der eingegangenen Bewerbungen auf ausgeschriebene Stellen / Ausbildungsplätze
- Anzahl der Kündigungen / Ausbildungsabbrüche
- Bewertungen des Unternehmens im Internet
- Anzahl der Follower auf den sozialen Medien
    - z. B. Anstieg nach Kampagnen, neuen Videos etc.
- Mitarbeiter werben Mitarbeiter
- Mitarbeiterbefragungen (Stimmungsbarometer)

Durch regelmäßiges Controlling können Maßnahmen auf ihre Wirkung überprüft und gegebenenfalls neu überdacht bzw. angepasst werden.

Gezieltes Talentmanagement und Entwicklungsprogramme sorgen dafür, dass kein „Talent“ unerkannt bleibt und sich eventuell nicht gefördert und gefordert fühlt und deshalb das Unternehmen wieder verlässt. Das Talentmanagement ist Aufgabe der HR-Abteilung und muss stets aktiv betrieben werden.

Eingesetzte Führungskräfte müssen gezielt durch Schulungen, Workshops etc. auf die Generation Z. vorbereitet werden, um deren Erwartungen und Bedürfnisse zu verstehen und angemessen darauf reagieren können.

Flache Hierarchien und Mitbestimmung sind weitere Punkte, die der Generation Z besonders wichtig sind.

Die hier dargestellten Handlungsempfehlungen sind keine einmaligen Maßnahmen, welche Unternehmen durchführen können. Vielmehr ist dies ein stetiger Prozess, der regelmäßig überprüft und gegebenenfalls angepasst werden muss. Hierzu müssen Personen im Unternehmen benannt werden, die dieser Aufgabe nachgehen und dafür Sorge tragen, dass die erarbeiteten Maßnahmen von den Führungskräften auch „gelebt" bzw. umgesetzt werden.

Regelmäßige Workshops mit den eingesetzten Führungskräften, sowie auch mit Mitarbeitern der Generation Z, verbessern die Kommunikation und beugen eventuell~~en~~ entstehenden Problemen vor.

7 Fazit

Die Mitglieder der Generation Z sind in einer sich schnell verändernden Welt aufgewachsen. Als Digital Natives sind sie sehr vertraut im Umgang mit bestehenden Technologien und haben ein ausgeprägtes Bewusstsein für soziale Gerechtigkeit. Sie legen sehr viel Wert auf Individualismus und sind sozial engagiert.

Sie priorisieren eine ausgewogene Work-Life-Balance und sind offen für nicht-traditionelle Karrierewege wie eine Mosaikkarriere oder Freelancing. Sie suchen nach neuen Wegen, um sich selbst zu verwirklichen und sind in der Lage sich schnell an neue Situationen anzupassen.

Die Arbeit hat bei der Generation einen niedrigeren Stellenwert als bei vorangegangenen Generationen. Sie arbeitet, um ihr Leben zu finanzieren und lebt nicht um zu arbeiten.

Bei der Betrachtung der verschiedenen Generationen wurden verschiedene Stärken, Ansprüche aber auch Bedürfnisse festgestellt. Diese beziehen sich nicht nur auf das Berufsleben, sondern auch auf das Privatleben der einzelnen Generationen. Durch die unterschiedlichen Lebensphasen der Generationen bestehen auch unterschiedliche Wissens- und Erfahrungsstände.

Arbeitgeber müssen zwar individuell auf die verschiedenen Generationen eingehen, jedoch müssen diese Generationen auch miteinander leben und arbeiten. Die verschiedenen Generationen können somit voneinander profitieren, was den Arbeitgebern wiederum zugutekommt.

Zu beachten ist jedoch, dass nicht jeder, welcher der Generation Z angehört, auch immer die zugeschriebenen Merkmale aufweist. Vorgesetzte Führungskräfte sollten, die ihnen unterstellten Personen immer individuell einschätzen.

Durch den Fachkräftemangel hat die Generation Z im Gegensatz zu vorigen Generationen mehr Möglichkeiten, einen geeigneten Arbeitsplatz zu finden

T. Nebgen, *Führen der Generation Z im Vertrieb*,
https://doi.org/10.1007/978-3-658-45418-0_7

oder einen Arbeitgeber, welcher nicht ihren Anforderungen entspricht, wieder zu verlassen.

Dies führt dazu, dass sich Arbeitgeber mehr auf die Generation Z einstellen müssen, um die Mitarbeiter dieser Generation langfristig an das Unternehmen zu binden.

Für die Arbeitgeber entstehen somit sowohl Chancen als auch Risiken beim Anwerben und Halten von Mitarbeitern aus dieser Generation.

8 Ausblick

Die Bedürfnisse und Erwartungen der Generation Z an die Arbeitgeber wurden bereits durch eine Vielzahl an Forschungen untersucht und herausgestellt. Die Generation Z ist bereits teilweise am Arbeitsmarkt vertreten und die Unternehmen haben begonnen sich auf diese Generation einzustellen. Diese Generation wird ihren Platz am Arbeitsmarkt finden und einnehmen. Gleichzeitig sind ältere Generationen dabei den Arbeitsmarkt wieder zu verlassen und in den Ruhestand einzutreten.

Der stetig steigende Fachkräftemangel am Arbeitsmarkt macht die Generation Z, sowie kommenden Generationen für die Unternehmen besonders wertvoll.

Folgende Fragen sollten in zukünftigen Forschungen untersucht werden:

- Wie kann die Generation Z an den Arbeitgeber engeger gebunden werden?
- Wie kann Beruf und Privatleben besser vereint werden, um die Generation Z, aber auch kommende Generationen, mehr in die Arbeitswelt zu integrieren?
- Wie können Unternehmen die Generation Z auf sich aufmerksam machen und sich als gute Arbeitgeber präsentieren?
  - Welche Medien sind am besten hierfür geeignet?
- Gibt es in der Generation Z Unterschiede aufgrund von:
  - Herkunft (Stadt, Land etc.), Bildung, Bildungsgrad der Eltern etc.
- Welche Marketingstrategien müssen fokussiert werden, um speziell die Generation Z anzusprechen?

T. Nebgen, *Führen der Generation Z im Vertrieb*,
https://doi.org/10.1007/978-3-658-45418-0_8

Hierbei darf jedoch nicht vergessen werden, dass die kommende Generation Alpha bereits in den Startlöchern steht und ebenfalls eigene Erwartungen und Anforderungen an den Arbeitsmarkt mitbringen wird.

Die Prägung durch äußere Einflüsse in deren Jugendjahren kann frühzeitig erforscht werden und die daraus gewonnenen Erkenntnisse sollten in zukünftige Forschungen einfließt.

Literaturverzeichnis

Bühner, M. (2006). *Einführung in die Test- und Fragebogenkonstruktion.* London: Pearson Studium.

Burmeister, M. (2019). *Die Führungsstile, In: Navigationssystem Werteorientierung in der Mitarbeiterführung. Subjektivierung der Werte.* Wiesbaden: Springer Fachmedien.

Dickmann, A. (2014). *Empirische Sozialforschung. Grundlagen, Methoden, Anwendungen.* Reinbeck: Rowohlt Taschenbuch Verlag.

Döringer, N., & Bortz, J. (2006). *Forschungsmethoden und Evaluation für Human- und Sozialwissenschaftler.* Heidelberg: Springer-Lehrbuch.

Eid, M., Gollwitzer, M., & Schmitt, M. (2017). Statistik und Forschungsmethoden. In M. Eid, M. Gollwitzer, & M. Schmitt. Weinheim Basel: Beltz Verlag.

Einramhof-Florian, H. (2022). *Fit für die jungen Generationen am Arbeitsmarkt. Wie ticken sie und was macht sie aus.* Wiesbaden: Springer Fachmedien.

Friedmann, W., & Nerdinger. (2019). *Führen von Mitarbeitern, In: Arbeits- und Organisationspsychologie.* Berlin Heidelberg: Springer-Lehrbuch.

Gläser, J., & Laudel, G. (2009). *Experteninterviews und qualitative Inhaltsanalyse als Instrumente rekonstruierender Untersuchungen.* Wiesbaden: VS Verlag.

Helmold, M., Dathe, T., & Dathe, I. (2022). *Führung (Leadership) im Enterpreneutship, In: Entrepreneurship in Zeiten der Globalisierung und Digitalisierung.* Wiesbaden: Springer Fachmedien.

Holtbrügge, D. (2017). *Personalmanagenment.* Nürnberg: Springer Gabler.

Jager, R. (Oktober 2021). NEW WORK Trendreport. Eschborn, Hessen. Abgerufen am 05. November 2022 von https://www.randstad.de/s3fs-media/de/public/2021-10/randstad-new-work-trendreport-1.pdf

Jager, R. (2021). *Ranstad-MenteFactum- Arbeitnehmer:innenbefragung.* Eschborn: Ranstad. Abgerufen am 05. November 2022 von https://www.randstad.de/s3fs-media/de/public/2021-10/randstad-new-work-trendreport-1.pdf

Jobst-Jürgens, V. (2020). *New Work Was relevante Arbeitnehmergruppen im Job wirklich wollen – eine empirische Betrachtung.* Wiesbaden: Springer Gabler.

Jürgensen, S. (2021). *Ende der Machtposition!? Wie Mitarbeiterführung wirklich gelingt Praxis-Know-how für erfolgreiche Führungskräfte und Manager.* Wiesbaden: Springer Fachmedien.

T. Nebgen, *Führen der Generation Z im Vertrieb*,
https://doi.org/10.1007/978-3-658-45418-0

Kast, R. (2022). *Herausforderung Führung – Führung in der Mehrgenerationengesellschaft, In: Generationen-Management Konzepte, Instrumente, Good-Practice-Ansätze.* Wiesbaden: Springer Fachmedien.

Kaya, M. (2009). Verfahren der Datenerhebung. In S. Albers, D. Klapper, U. Konradt, & J. Wolf, *Methodik der empirischen Forschung.* Gabler Verlag.

Klaiber, S. (2018). Organisationales Commitment. Der Einfluss lernförderlicher Aspekte bei der Arbeit auf die Mitarbeiterbindung. In S. Klaiber. Wiesbaden: Springer Fachmedien.

Kleinjohann, M., & Reinecke, V. (2020). *Marketing: Synchronität von Marke und Konsument, In: Marketingkommunikation mit der Generation Z. Erfolgsfaktoren für das Marketing mit Digital Natives.* Wiesbaden: Springer Gabler.

Krebs, D., & Menold, N. (2022). Gütekriterien quantitativer Sozialforschung. In N. Bauer, & J. Blasius, *Handbuch Methoden der empirischen Sozialforschung.* Wiesbaden: Springer VS.

Kuckartz, U., Rädiker, S., Ebert, T., & Schehl, J. (2013). *Statistik. Eine verständliche Einführung. Lehrbuch.* Wiesbaden: Springer VS.

Lamnek, S., & Krell, C. (2016). *Qualitative Sozialforschung. Mit Online-Material.* (6 Ausg.). Weinheim Basel: Beltz Verlag.

Lippmann, E., Pfister, A., & Jörg, U. (2019). *Handbuch Angewandte Psychologie für Führungskräfte.* Berlin: Springer-Verlag.

Lohmüller, E., & Greiff, K. (2022). *Generationsensible Personal- und Karriereentwicklung – Ansätze und Instrumente für eine erfolgreiche Umsetzung in Unternehmen, In: Generationen-Management Konzepte, Instrumente, Good-Practice-Ansätze.* Wiesbaden: Springer Fachmedien.

Mangelsdorf, M. (2015). *Von Babyboomer bis Generation Z. Der richtige Umgang mit unterschiedlichen Generationen im Unternehmen.* Offenbach: GABLER Verlag.

Raithel, J. (2006). *Quantitative Forschung. Ein Praxiskurs.* Wiesbaden: VS Verlag.

Rosenberger, B., Kreil, K., & Bankl, M. (2021). *Sicher in die Zukunft – strategisches Takentmanagement macht es möglich, In: Modernes Personalmanagement Strategisches – operratives systemisch.* Wiesbaden: Springer Fachmedien.

Scheed, B., & Scherer, P. (2019). *Strategisches Vertriebsmanagement B2B-Vertrieb im digitalen Zeitalter.* Wiesbaden: Springer Gabler.

Schnell, N., & Schnell , A. (2019). *New Work Hacks 50 Inspirationen für modernes und innovatives Arbeiten.* Wiesbaden: Springer Gabler.

Steyrer, J. (2009). *Theorie der Führung.* Wien: Linde international.

von Rosenstiel, L., & Wegge, J. (2004). *Organisationspsychologie 2 – Gruppen und Organisationen. Enzyklopädie der Psychologie.* Göttingen: Hogrefe.

Walter, W. (1994). Strategien der Politikberatung. Die Interpretation der Sachverständigenrolle im Lichte von Experteninterviews. In R. Hitzler, A. Hohner, & C. Maeder, *Expertenwissen. Die instutionalierte Kompetenz zur Konstruktion von Wirklichkeit.* Wiesbaden: Vieweg & Teubner Verlag.

Welk, S. (2015). *Theoretischer Teil, In: Die Bedeutung von Führung für die Bindung von Mitarbeitern – Ein Vergleich unterschiedlicher Führungsstile im Kontext der Generation Y.* Wiesbaden: Springer Gabler.

Wöhe, G. (2010). *Einführung in die Allgemeine Betriebswirtschaftlehre.* München: Vahlen.

Internetquellen

Bartscher, T. (02. Februar 2019). *Gabler Wirtschaftslexikon.* Abgerufen am 25. September 2022 von https://wirtschaftslexikon.gabler.de/definition/fuehrung-33168

CareerBuilder. (01. September 2016). *CareerBuilder.* Abgerufen am 22. November 2022 von https://arbeitgeber.careerbuilder.de/blog/mosaikkarriere-mitarbeiterbindung-personaleinsatz

DEBA. (2023). *employerbranding.org.* Abgerufen am 07. Januar 2023 von https://www.employerbranding.org/glossar/internes-employer-branding

Destatista. (2022). *Statistisches Bundesamt.* Abgerufen am 30. September 2022 von https://www.destatis.de/DE/Themen/Querschnitt/Demografischer-Wandel/_inhalt.html

Dohm, M., & Zahorsky, I. (22. Juli 2021). *eGovernment computing.* Abgerufen am 30. September 2022 von https://www.egovernment-computing.de/generation-y-treiber-von-new-work-a-1040864/

Doosan. (2022). *Doosan.* Abgerufen am 22. Dezember 2022 von https://eu.doosanequipment.com/de/

Esmailzadeh, A. (27. Oktober 2022). *HUMAN RESOURCES.* Abgerufen am 05. November 2022 von https://www.humanresourcesmanager.de/leadership/generation-z-wer-fuehrt-hier-eigentlich-wen/

Geisel, G. (20. Dezember 2022). Experteninterview: Führen der Generation Z im Vertrieb. (T. Nebgen, Interviewer) Von

haustec. (15. September 2022). *haustec.* Abgerufen am 05. November 2022 von https://www.haustec.de/management/panorama/was-die-generation-z-vom-job-erwartet

https://de.surveymonkey.com/analyze/browse/5V_2FCify5AAiq3rAf4zGuBHlsowXiVw6QXdztbi0iHE0_3D abgerufen

Google. (2022). *Google.* Abgerufen am 11. Dezember 2022 von https://www.google.com/search?q=zoomlion+deutschland&ei=xKKVY4ixB8H-7_UPjIIP&oq=Zoomlion&gs_lcp=Cgxnd3Mtd2l6LXNlcnAQARgDMgoIABBHENYEELADMgoIABBHENYEELADMgoIABBHENYEELADMgoIABBHENYEELADMgoIABBHENYEELADMgoIABBHENYEELADMgoIABBHENYEELADMgoIABBHENYEELADMgoIABBHENYEELADMgcIABC

Grünewald, S. (10. März 2021). *rheingold institut.* Abgerufen am 20. November 2022 von https://www.rheingold-marktforschung.de/gesellschaft/generation-z-definition-werte-vorstellungen-arbeitgeber/

Hegemann, D. (15. November 2021). *better business Academy.* Abgerufen am 23. November 2022 von https://betterbusinessacademy.de/fuehrungsstile-uebersicht-klassisch-vs-modern-wie-du-deinen-stil-findest/

Hellenkamp, D. (19. Februar 2018). *Gabler Wirtschaftslexikon.* Abgerufen am 19. November 2022 von https://wirtschaftslexikon.gabler.de/definition/vertriebssteuerung-53519/version-276602

Herbon, B. (21. Dezember 2022). Experteninterview: Führen der Generation Z im Vertrieb. (T. Nebgen, Interviewer) Von https://de.surveymonkey.com/analyze/browse/5V_2FCify5AAiq3rAf4zGuBHlsowXiVw6QXdztbi0iHE0_3D abgerufen

Hitachi Construction Maschinery. (2022). *Hitachi Construction Maschinery.* Abgerufen am 11. Dezember 2022 von https://www.hitachicm.eu/de/haendler-netzwerk/

Hofmann, J., Piele, A., & Piele, C. (2019). *New Work. Best Practices und Zukunftsmodelle.* Stuttgart: Fraunhofer-Institut für Arbeitswirtschaft und Organisation IAO. Abgerufen am 02. Oktober 2022 von https://publica-rest.fraunhofer.de/server/api/core/bitstreams/2dbcef2e-a9ef-4000-addc-42c3beec95ad/content

iDig. (2020). *iDig.* Abgerufen am 23. Dezember 2022 von https://www.idig-system.com/de/home-2/?utm_source=adwords&utm_medium=ppc&utm_campaign=iDig%20DE%20-%20Marque&utm_content=iDig-DE&utm_term=idig&hsa_acc=1931394869&hsa_cam=8510718684&hsa_grp=85886349345&hsa_ad=496559245814&hsa_src=g&hsa_tgt=kwd-298061737855

JOHN DEERE. (2022). *JOHN DEERE.* Abgerufen am 11. Dezember 2022 von https://dealerlocator.deere.com/servlet/country=DE?locale=de_DE&industry=2

jugendzielgruppe.de. (20. April 2023). Abgerufen am 30. Dezember 2023 von https://jungezielgruppen.de/new-work-genz-studie/

Katharina, L. (20. Juni 2022). *mindsetmovers.* Abgerufen am 06. November 2022 von https://www.mindsetmovers.de/blog/neue-generationen-auf-dem-arbeitsmarkt-zeit-dass-fuehrung-sich-veraendert/#:~:text=Derzeit%20sieht%20die%20Verteilung%20der,gr%C3%B6%C3%9Ftenteils%20vom%20Arbeitsmarkt%20verschwunden%20sein.

Klingelhöfer, U. (29. November 2019). *holisticminds.* Abgerufen am 30. September 2022 von https://holisticminds.de/generation-y-z-ihre-erwartungen-an-arbeitgeber/

Köhler, C. (22. Oktober 2022). *LinkedIn.* Abgerufen am 24. November 2022 von https://www.linkedin.com/pulse/4-f%C3%BChrungsstile-f%C3%BCr-situative-mitarbeiterf%C3%BChrung-christian-k%C3%B6hler/?originalSubdomain=de

Komatsu. (2021). *Komatsu.* Abgerufen am 11. Dezember 2022 von https://www.komatsu.eu/de/find-a-dealer

Lanier, K. (13. Nobember 2017). *emerald insight.* Abgerufen am 25. November 2022 von https://www.emerald.com/insight/content/doi/https://doi.org/10.1108/SHR-08-2017-0051/full/html

Lanuschny, S. (05. Juli 2022). *Papershift.* Abgerufen am 05. November 2022 von https://www.papershift.com/lexikon/generation-z#definition-was-ist-generation-z

Leica Geosystems. (2022). *Leica Geosystems.* Abgerufen am 23. Dezember 2022 von https://leica-geosystems.com/de-de/services-and-support/training/standorte

LIEBHERR. (o. A.). *LIEBHERR.* Abgerufen am 11. Dezember 2022 von https://www.liebherr.com/de/deu/%C3%BCber-liebherr/liebherr-weltweit/deutschland/liebherr-in-deutschland.html#country=DE&product=BM

Liebsch, K. (08. Juni 2022). *Staatslexikon.* Abgerufen am 09. März 2023 von https://www.staatslexikon-online.de/Lexikon/Generation

Lindner, D. (04. Januar 2018). *agile Unternehmen.* Abgerufen am 07. Oktober 2022 von https://agile-unternehmen.de/tipps-forschungsdesign-aufbau/

Lippold, D. (05. Dezember 2017). *CIO.* Abgerufen am 27. November 2022 von https://www.cio.de/a/unternehmenskultur-muss-digital-natives-integrieren,3331267,2

Mai, J. (05. Mai 2022). *Karriere Bibel.* Von https://karrierebibel.de/mosaik-karriere/ abgerufen

McDonald´s. (2019). Die McDonalds Ausbildungsstudie 2019. Kinder der Einheit. Same Same but (still) different.- Eine Repräsentativbefragung junger Menschen im Alter von 15–25 Jahren. Düsseldorf. Abgerufen am 29. Januar 2023 von https://www.change-m.de/wp-content/uploads/2022/08/McDonalds-Ausbildungsstudie-2019.pdf

Mihovilovic, J., & Knebel, K. (02. November 2017). *Berliner Team.* Abgerufen am 05. November 2022 von https://www.berlinerteam.de/magazin/generation-y-x-z-babyboomer-definition/

MOBA. (2022). *MOBA.* Abgerufen am 23. Dezember 2022 von https://moba-automation.de/kontakt

MTS Schwabenpower. (2022). *MTS Schwabenpower.* Abgerufen am 23. Dezember 2022 von https://www.mts-online.de/unternehmen/standorte/?L=0

Müller, M. (2022). *Trotz Pandemie und Ukraine-Krieg: Wachsende Nachfrage verstärkt Fachkräftemangel.* Frankfurt: KFW Research. Abgerufen am 02. Oktober 2022 von https://www.kfw.de/PDF/Download-Center/Konzernthemen/Research/PDF-Dokumente-KfW-ifo-Fachkr%C3%A4ftebarometer/KfW-ifo-Fachkraeftebarometer_2022-05.pdf

Nissen, R., Bartscher, T., & Maier, G. (19. Februar 2018). *Gabler Wirtschaftslexikon.* Abgerufen am 22. November 2022 von https://wirtschaftslexikon.gabler.de/definition/fuehrung-33168/version-256695

Projekte leicht gemacht. (17. Februar 2022). *Projekte leicht gemacht.* Abgerufen am 23. November 2022 von https://projekte-leicht-gemacht.de/blog/softskills/fuehrung/fuhrungsstile-uebersicht/

Rammstedt, B., Beierlein, C., Brähler, E., Eid, M., Hartig, J., Kersting, M., . . . Weichselgartner, E. (2014). *Qualitätsstandards zur Entwicklung, Anwendung und Bewertung von Messinstrumenten in der sozialwissenschaftlichen Umfrageforschung.* Berlin: RatSWD Rat für Sozial- und WirtschaftsDaten. Abgerufen am 01. Januar 2023 von https://www.konsortswd.de/wp-content/uploads/RatSWD_WP_230.pdf

Rassek, A. (26. August 2022). *karriere bibel.* Abgerufen am 24. November 2022 von https://karrierebibel.de/human-resources/

Rose, R. (30. MAi 2022). *HAUFE.* Abgerufen am 02. Oktober 2022 von https://www.haufe.de/personal/hr-management/paradigmenwechsel-in-hr/generationenwechsel-im-arbeitsmarkt-kann-zur-chance-werden_80_565650.html

SANDVIK. (o. A.). *SANDVIK.* Abgerufen am 11. Dezember 2022 von https://www.rocktechnology.sandvik/de/old-kontaktieren-sie-uns/welt/europa/deutschland/

Sany. (2022). *Sany.* Abgerufen am 11. Dezember 2022 von https://www.sanyeurope.com/unternehmen/haendlersuche-2/

Sauer, S., & Wollmershäuser, T. (2021). *Fachkräftemangel wird zunehmend zur Belastung für die deutsche Wirtschaft.* München: ifo Institut. Abgerufen am 01. Oktober 2022 von https://www.econstor.eu/handle/10419/260742

Scherer, L. (01. Juni 2009). *HR Today Know-how for tommorow.* Abgerufen am 22. November 2022 von https://hrtoday.ch/de/article/fach-projekt-patchwork-karriere-alternativen-f-r-leistungstr-ger#:~:text=Die%20Projektkarriere%20verfolgt%20somit%20einen,die%20Anzahl%20der%20Hierarchiestufen%20verringern.

Schmäh, M., Neff, R., & Mayer, J. (2022). (R)evolution des Vertriebsprozesses. *Sales Excellence*(10). Von https://www.springerprofessional.de/r-evolution-des-vertriebsprozesses/19756494?searchResult=1.vertriebsprozess&searchBackButton=true&fulltextView=true abgerufen

Schmid, J. (19. Februar 2018). *Gabler Wirtschaftslexikon.* Abgerufen am 20. November 2022 von https://wirtschaftslexikon.gabler.de/definition/beschaeftigungsfaehigkeit-31143/version-254707

Schneider, G., & Toyka-Seid, C. (2022). *Bundeszentrale für politische Bildung*. Abgerufen am 06. November 2022 von https://www.bpb.de/kurz-knapp/lexika/das-junge-politik-lexikon/320069/demografischer-wandel/

Schneider, T. (21. Dezember 2021). *WEKA*. Abgerufen am 19. November 2022 von https://www.weka.ch/themen/personal/personalfuehrung-und-personalentwicklung/talentmanagement/article/definition-talent-das-zeichnet-die-besten-aus/

Scholz, C. (2015). Klare Strukturen statt Flexibilität: So tickt die Generation Z tatsächlich. *Wirtschaftspsychologie aktuell*. Abgerufen am 29. Januar 2023 von https://hugepdf.com/download/klare-strukturen-statt-flexibilitt-so-tickt-die-generation-z-tatschlich_pdf

Schuster, E., & Strahl, J. (2019). *Beschäftigte mit Leitungsfunktionen*. o. A.: Bundesagentur für Arbeit. Von https://statistik.arbeitsagentur.de/DE/Statischer-Content/Grundlagen/Methodik-Qualitaet/Methodenberichte/Beschaeftigungsstatistik/Generische-Publikationen/Methodenbericht-Beschaeftigte-mit-Leitungsfunktion.pdf?__blob=publicationFile abgerufen

Sekhon, G. (07. August 2020). *Unternehmer Journal*. Abgerufen am 30. September 2022 von https://www.unternehmerjournal.de/aufgaben-einer-fuehrungskraft-die-10-wichtigsten-im-ueberblick/

SITECH. (2022). *SITECH*. Abgerufen am 23. Dezember 2022 von https://www.sitech.de/kontakt/standorte

Statista. (31. Dezember 2021). *statista*. Abgerufen am 06. November 2022 von https://de.statista.com/statistik/daten/studie/1131021/umfrage/generationenanteile-in-deutschland/#:~:text=Zum%2031.,von%20rund%2019%2C1%20Prozent.

Statista. (31. Dezember 2021). *STATISTA*. Abgerufen am 22. Januar 2023 von https://de.statista.com/statistik/daten/studie/1131021/umfrage/generationenanteile-in-deutschland/

Statista. (31. Dezember 2022). Abgerufen am 22. Januar 2023 von https://de.statista.com/statistik/daten/studie/1131350/umfrage/bevoelkerung-nach-geschlecht-und-generation/

statista. (2022). *statista*. Abgerufen am 11. Dezember 2022 von https://de.statista.com/statistik/daten/studie/234198/umfrage/baumaschinenhersteller-nach-umsatz-weltweit/

Statista. (25. Juli 2022). *Statista*. Abgerufen am 22. Dezember 2022 von https://de.statista.com/statistik/daten/studie/258219/umfrage/baumaschinenhersteller-nach-marktanteilen-weltweit/

SurveyMonkey. (2022). *SurveyMonkey*. Abgerufen am 26. Dezember 2022 von https://www.surveymonkey.de/mp/sample-size-calculator/?ut_source=help_center

Thiemann, S. (06. Juni 2022). *CIO*. Abgerufen am 21. März 2023 von https://www.cio.de/a/wie-ein-moderner-fuehrungsstil-aussieht,3260793#:~:text=Moderne%20F%C3%BChrungskr%C3%A4fte%20f%C3%BChren%20kollegial%2C%20ohne,damit%20als%20Vorbild%20zu%20dienen.

TOPCON. (2022). *TOPCON*. Abgerufen am 23. Dezember 2022 von https://www.topconpositioning.com/de/#

UNICONTROL. (2022). *UNICONTROL*. Abgerufen am 23. Dezember 2022 von https://unicontrol.io/de/haendler/

VOLVO Construction Equiptment. (2022). *VOLVO Construction Equiptment*. Abgerufen am 11. Dezember 2022 von https://www.volvoce.com/deutschland/de-de/contact-us/dealer-locator/de/?latitude=51.16571620347302&longitude=10.277770062773008&zoom=5

Warkentin, N. (15. März 2021). *Karrierebibel*. Abgerufen am 21. November 2022 von https://karrierebibel.de/fachkarriere/

Wißfeld, S. (22. November 2021). *ranstad*. Abgerufen am 05. November 2022 von https://www.randstad.de/ueber-randstad/presse/unternehmensfuehrung/was-generation-z-beruf-will/

Wunsch, C., & Buchmann, M. (2019). Demografischer Wandel verschärft Fachkräftemangel. *Die Volkswirtschaft*(5), 3. Abgerufen am 01. Oktober 2022 von https://dievolkswirtschaft.ch/content/uploads/2019/04/19_Buchmann_Wunsch_DE.pdf

XCMG. (2021). *xcmg-europa*. Abgerufen am 11. Dezember 2022 von https://xcmg-europe.de/

YouGov, M. (Juli 2023). *Continental*. Abgerufen am 31. Dezember 2023 von https://www.continental.com/de/presse/studien-publikationen/sonstige-publikationen/umfrage-generation-z/

Zeppelin Baumaschinen GmbH. (2022). *ZEPPELIN CAT*. Abgerufen am 11. Dezember 2022 von https://www.zeppelin.com/de-de/cat/hilfe-service/standorte/?gclid=EAIaIQobChMI15XMuIzx-wIVloCDBx0vKQ6GEAAYASAAEgKa6vD_BwE#/51.30676270549856/10.225893999999988/6/DE//

MIX
Papier aus verantwortungsvollen Quellen
Paper from responsible sources
FSC® C105338

If you have any concerns about our products,
you can contact us on
ProductSafety@springernature.com

In case Publisher is established outside the EU,
the EU authorized representative is:
Springer Nature Customer Service Center GmbH
Europaplatz 3, 69115 Heidelberg, Germany

Printed by Libri Plureos GmbH
in Hamburg, Germany